首批“十四五”广东省职业教育规划教材

新编21世纪职业教育精品教材

电子商务类

融媒体教材

短视频
策划、制作与运营

主　编　庄标英

副主编　何日林

参　编　曹丽婵　黄　瑜　卢晓玲
　　　　刘　波　刘彦博

Duanshipin
Cehua Zhizuo yu Yunying

PPT课件

电子教案

课程标准

微课视频

实训素材

中国人民大学出版社

· 北京 ·

前言

国家鼓励发展现代服务业和新兴先导型服务业，电子商务已成为带动产业转型升级和公共服务体系建设的新引擎。本书贯彻落实党的二十大精神，通过短视频策划、制作与运营流程的介绍，扎根中国大地，站稳中国立场，讲好中国故事，展现可信、可爱、可敬的中国形象。

本书从讲解短视频的策划、拍摄、制作与运营的角度出发，深入介绍短视频工作岗位的流程、工具及方法。本书根据职业院校学生的特点和短视频人才培养的基本要求，以短视频的工作岗位为依据，体现理论与实践相结合的编写指导思想，使学生在学习本书后，对短视频的基本知识和技能有一个较为全面的掌握，为今后的短视频工作打下扎实的基础。

本书以短视频岗位的工作过程为导向，以项目任务式为编写结构，讲述了短视频的基本知识和技能应用。全书内容按短视频岗位的工作流程展开，主要设计了短视频概述、短视频策划、短视频拍摄、短视频后期剪辑、短视频运营（淘宝）、短视频运营（抖音）、短视频实例及实训共七个学习情境，从策划、拍摄、制作、运营等四个方面介绍短视频的工作内容。

本书遵循学生的认知规律，以行动导向教学模式为主导，在各学习情境主要设置了情境导入、学习目标、知识探究、任务分析、任务决策、任务实施、同步实训、情境考核等栏目，突出系统化知识的提炼与总结，强调实践能力的培养。

全书共分为七个学习情境，建议每周 6 学时，共计 108 学时，具体分配如下。

学习情境	内容	理论学时	实训学时	学时合计
学习情境一	短视频概述	2	4	6
学习情境二	短视频策划	4	8	12
学习情境三	短视频拍摄	4	20	24
学习情境四	短视频后期剪辑	6	24	30
学习情境五	短视频运营（淘宝）	2	4	6
学习情境六	短视频运营（抖音）	2	4	6
学习情境七	短视频实例及实训	6	18	24
总计学时		26	82	108

本书内容新颖、图文并茂、案例视频丰富，主要特色如下：

1. 课程思政，立德树人

本书全面落实立德树人的根本任务，例如通过茶叶短视频的策划、制作与运营案例，让学生了解中华传统文化，增强文化自信和民族自豪感，深化爱国主义精神；通过学习广告法等内容，增强学生法治意识，弘扬社会主义法治精神；通过短视频创作人员对短视频的一遍遍打磨制作，弘扬劳动光荣、精益求精的工匠精神和职业道德等，同时还融入了绿色发展、高质量发展、乡村振兴的责任担当等。在每个学习情境设有思政目标，结合党的二十大精神，推进习近平新时代中国特色社会主义思想的学习，将学生情感、态度、价值观塑造与课程内容有机融合。

2. 体系完善

本书内容从短视频的基础知识到策划、拍摄、后期剪辑和运营，形成了完善的课程体系。

3. 资源丰富

本书教学案例视频丰富，可扫码观看微课；针对重、难点知识设置了实操小任务；配套建设了教学资源库。编者积累了相关教学视频等资源，有教学、教研需求的老师，可联系编者获取（123813601@qq.com）。

4. 实操性强

本书定位于培养应用型人才，采用工作情境任务引导，在理论知识的基础上侧重实操训练。

5. 多专业运用

本书可作为电子商务专业、新媒体专业、计算机专业短视频课程的教材使用。

本书由中山市建斌职业技术学校庄标英担任主编；中山市建斌职业技术学校何日林担任副主编；中山市建斌职业技术学校曹丽婵、黄瑜、卢晓玲，佛山市顺德区勒流职业技术学校刘波，郑州财经技师学院刘彦博参与编写。

本书整体框架由庄标英设计完成，其中学习情境一由黄瑜完成；学习情境二、学习情境五由庄标英完成；学习情境三由卢晓玲、何日林、庄标英、刘彦博完成；学习情境四由曹丽婵、何日林完成；学习情境六由刘波完成；学习情境七由何日林完成；全书由庄标英统稿，由何日林审核及校对。

本书在编写过程中，中山思捷策划有限公司总经理郭春春、英德市红星茶叶有限公司经理王小华、自主创业人士吴小玲等企业人员对本书的编写思路和框架提出了宝贵的意见，并提供了部分案例图片素材，在此对诸位的热情参与和帮助表示感谢！

本书已力求严谨细致，但由于编者自身水平有限，书中难免有疏漏与不妥之处，恳请读者提出宝贵意见或建议。

编　者

学习情境一　短视频概述

情境导入……1
学习目标……1
知识探究……2
一、短视频的发展……2
二、短视频的特点和类型……3
三、知名短视频平台介绍……12
四、团队组建……18
任务分析……20
任务决策……21
任务实施……21
同步实训……22
情境考核……22

学习情境二　短视频策划

情境导入……27
学习目标……27
知识探究……28
一、目标人群分析……28
二、产品卖点分析……31
三、短视频内容策划……33
四、短视频脚本撰写……37
任务分析……43
任务决策……43

任务实施……43
同步实训……45
情境考核……46

学习情境三　短视频拍摄

情境导入……49
学习目标……49
知识探究……50
　一、短视频常用的拍摄工具……50
　二、光线位置的设计与运用……59
　三、镜头的运动方式……63
　四、取景的构图方式设计……65
　五、商品的摆放……69
任务分析……72
任务决策……72
任务实施……72
同步实训……88
情境考核……89

学习情境四　短视频后期剪辑

情境导入……91
学习目标……91
知识探究……92
　一、优化软件……92
　二、素材导入视频导出……98
　三、剪辑工具的认识……103
　四、认识时间线窗口……108
　五、特效控制台……112
　六、编辑字幕……114
任务分析……117
任务决策……117
任务实施……117

同步实训 …… 129
情境考核 …… 130

学习情境五　短视频运营（淘宝）

情境导入 …… 133
学习目标 …… 133
知识探究 …… 134
　一、淘宝短视频的形式 …… 134
　二、淘宝短视频的要求 …… 136
　三、淘宝短视频的发布 …… 137
　四、淘宝短视频的运营技巧 …… 137
　五、淘宝短视频的数据分析 …… 138
任务分析 …… 140
任务决策 …… 140
任务实施 …… 140
同步实训 …… 142
情境考核 …… 143

学习情境六　短视频运营（抖音）

情境导入 …… 147
学习目标 …… 147
知识探究 …… 148
　一、抖音短视频的变现 …… 148
　二、账号定位 …… 150
　三、抖音新手的误区 …… 152
　四、发布短视频 …… 154
　五、短视频的数据分析 …… 156
　六、抖音账号的权重规则 …… 160
　七、抖音商品分享 …… 161
　八、理解规则，反复 / 持续制作短视频并上传 …… 162
任务分析 …… 162
任务决策 …… 163

任务实施……163
同步实训……164
情境考核……166

学习情境七　短视频实例及实训

情境导入……169
学习目标……169
工作任务……170
工作流程……170
一、目标人群分析……170
二、产品卖点分析……174
三、短视频内容策划……175
四、短视频拍摄脚本撰写……176
五、根据脚本进行视频拍摄……177
六、根据脚本、选取素材进行视频剪辑……181
实训任务……187

参考文献……193

短视频概述

情境导入

在移动端流量内容生产的时代，短视频已成为宠儿，各企业纷纷增加短视频营销。一品茶旗舰店传媒设计部想深入了解短视频领域知识，组建一支传媒设计部短视频团队。那么该了解短视频哪些基础知识呢？如何组建自己的短视频团队呢？

学习目标

知识目标

了解短视频的发展趋势、知名短视频平台；

掌握短视频的特点、分类。

技能目标

能够区分短视频的类型；

能够组建短视频团队。

思政目标

通过区分短视频的类型、组建短视频团队，培养学生分析能力、团结意识。

知识探究

一、短视频的发展

（一）短视频的定义

短视频即短片视频，是一种互联网内容传播方式，一般指在互联网新媒体上传播的时长在 5 分钟以内的视频。随着移动终端的普及和网络的提速，短平快的大流量传播内容逐渐获得各大平台、粉丝和资本的青睐，从而衍生了各大知名短视频平台，如图 1–1 所示。短视频内容融合了技能分享、幽默搞怪、时尚潮流、社会热点、街头采访、公益教育、广告创意、商业定制等主题。由于内容较短，短视频可以单独成片，也可以成为系列栏目。

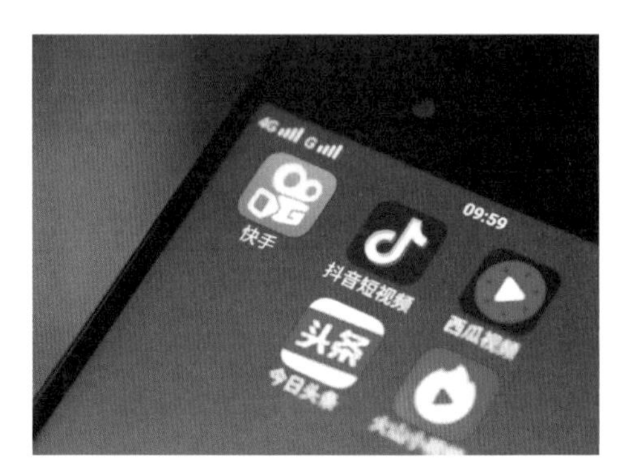

图 1–1　各大知名短视频平台

（二）短视频的发展趋势

如今的新媒体时代，短视频的内容创新质量和法律环境将决定着短视频的发展趋势。如何提升视频的内容质量、吸引用户、满足受众的多角度需求，是当代新媒体短视频的发展趋势。

1. 注重短视频内容质量提升

在短视频的内容提升方面，创作者应当以优质内容为中心，以注重品质为核心，最大限度地实现受众的审美体验。在提升短视频内容质量的同时，通过差异化的创作策略来提升同类视频的核心竞争力。

2. 更加注重受众满意度

短视频平台将会根据受众的需求进行精细化、差异化的相关服务，更加注重视频生产线上和线下的结合，在短视频准确定位的基础上再对视频功能逐步优化，使短视频在发展过程中能够稳定发挥优势，争取最大限度地为受众提供满意的短视频服务。

3. 法律法规更加健全

随着短视频的飞速发展，侵权、内容低俗、网络谣言等法律问题逐渐凸显出来。面对不同的法律问题，相关监管部门加大了监管力度，在一定程度上限制了低俗短视频的传播，但是随着短视频时代的高速发展，更多细化的问题逐渐暴露出来，这就需要相关的部门进一步健全相关的法规，让短视频行业健康发展。

二、短视频的特点和类型

（一）短视频的特点

短视频具有生产流程简单、制作门槛低、参与性强等特点。

1. 流程简单，制作门槛低。

短视频大大降低了生产传播的门槛，只要拥有一部手机就可以完成拍摄、制作，实现即拍即传、随时分享。当然，一些精致的作品，是需要专业团队制作、打磨的。

2. 传播快，交互性强

短视频传播渠道是多方位的，短视频的信息内容呈人传人式的核爆式传播，传播速度快。短视频内部设置有点赞、评论、分享等功能，也可以转发到微信、QQ、微博等社交平台，用户在分享短视频后可以与其他用户进行互动。

3. 篇幅精练，内容有趣

短视频的时长一般都在十几秒左右，在这么短的时间内要把想表达的内容呈现出来，必须内容精练，主题突出，生动有趣。

4. 快餐化，碎片化

对繁忙的现代人来说，他们更需要的是在有限的时间内获得最大的信息量，而短视频因为篇幅较短，更符合繁忙的现代人碎片化的浏览趋势。

5. 精准营销，成果明显

短视频营销具有指向性，它可以准确找到平台的受众目标，从而实现精准营销。短视频平台通常都会设置搜索框，对搜索引擎进行优化，目标受众一般都会在网站上对关键词进行搜索，漫无目的闲逛的可能性不大，这一行为使得短视频营销更加精准。

（二）短视频分类

随着短视频的飞速发展，各大短视频平台如雨后春笋般出现在我们的生活中。短视频平台的种类很多，但针对的用户群不同。下面将从渠道类型、内容类型、主题类型和生产方式类型四个方面，对短视频进行分类。

1. 短视频渠道类型

短视频渠道现分为五个类型，分别是：在线视频渠道、资讯客户端渠道、短视频渠道、社交平台渠道、垂直类渠道。

（1）在线视频渠道。

在线视频渠道这类平台是专门的视频网站，播放量主要靠搜索或者推荐来获得。比如爱奇艺、腾讯视频、优酷等平台，如图 1–2 所示。人为主观因素对视频播放量的影响是非常大的，如果获得了一个很好的推荐位，那么视频的播放量会有显著的提升。

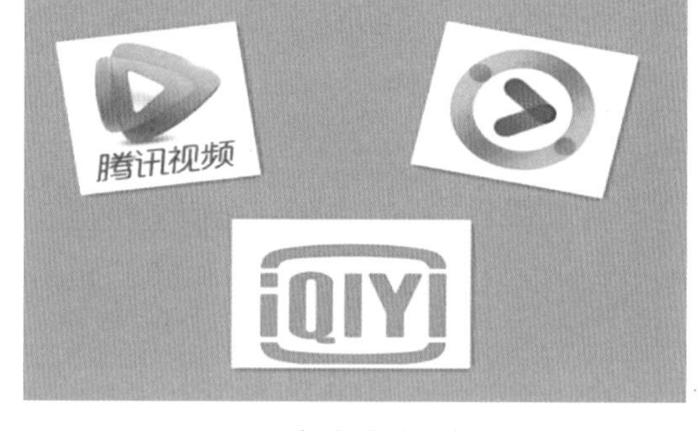

图 1–2　知名在线视频渠道

（2）资讯客户端渠道。

资讯客户端渠道播放量更多的是通过自身系统的推荐机制来获得，像今日头条媒体平台、企鹅媒体平台、一点资讯网易号媒体开放平台等，如图 1–3 所示。这些平台的推荐算法机制将视频打上多个标签并推荐给相应的用户群体，目前这种推荐机制应用很广，所以也被认为是未来的趋势。

图 1–3　知名资讯客户端渠道

（3）短视频渠道。

短视频渠道粉丝的数量对播放量影响比较大。像抖音、快手、美拍、秒拍等知名短视频平台（如图 1–4 所示），此类平台发展迅速，用户数量持续攀升，粉丝群体越来越庞大，发展态势非常好。

图 1-4　知名短视频渠道

（4）社交平台渠道。

社交平台渠道更具有传播性，如 QQ、微博、微信等，如图 1-5 所示。社交平台可以方便结识更多相同兴趣的人，是短视频传播的重要渠道，是用户连接粉丝、连接广告主、连接商务合作的通道。

图 1-5　知名社交平台渠道

（5）垂直类渠道。

短视频的未来趋势、行业走向会越来越垂直化。垂直类渠道包括淘宝、京东、唯品会、蘑菇街、苏宁易购等，如图 1-6 所示。这些平台通过短视频，帮助用户更全面地了解商品，从而促进购买量。

图 1-6　知名垂直类渠道

2. 抖音短视频内容类型

抖音短视频按视频内容分类，可分为多种类型，如美妆、旅游、娱乐、搞笑、美食、时尚、游戏、汽车、财经、励志、萌宠、运动、音乐、生活、资讯、亲子、知识、动漫、科技、健康、故事等。

目前受欢迎的类型主要有：

（1）搞笑类。

搞笑类视频受众喜爱度较高，此类视频一般浏览量都较高，可以算得上是最受受众喜欢的短视频类型，如图 1–7 所示。现代人工作、生活等各方面压力较大，大家都想在工作、生活之余让自己的身心得到放松，因此搞笑类视频往往是放松身心的视频类型首选。搞笑视频一般创作难点在于原创想法，如果能够将吐槽点和搞笑点结合得很好，娱乐搞笑的内容就能够引起大多数观众的兴趣。

图 1–7　搞笑类短视频

（2）美食分享类。

美食分享类的短视频也非常受欢迎，如图 1–8 所示。“民以食为天，食以安为先”，现代人对美食的要求不仅仅停留在吃饱，对美食的色香味及健康提出了更高的要求。美食分享类的视频迎合了大众对美食的需求，让受众能在欣赏到诱人的美食的同时还能学会制作好吃又健康的美食。

（3）演艺界人士类。

演艺界人士有大量的粉丝，因此演艺界人士类视频自带流量优势，一般短视频的浏览量都比较高。再加上演艺界人士自身的独特人格魅力、表演能力、才艺等，使得演艺界人士类的短视频受众关注度和喜爱度较高，如图 1–9 所示。

图 1–8　美食分享类短视频

图 1–9　演艺界人士类短视频

（4）旅行旅游类。

当代人的生活水平不断提高，人们在追求物质生活的同时，也对精神生活提出了更高的要求，因此，旅游业近几年蓬勃发展。冒险露营、徒步旅行、打卡网红旅游地、驾车游世界、骑行川藏线、滑轮去三亚等各种主题旅行火遍微信朋友圈、微博等社交平台和短视频平台。驴友们边走边发视频，吸引粉丝持续关注，得到了越来越多受众的关注与喜爱，如图 1-10 所示。

图 1-10　旅行旅游类短视频

（5）美容美妆类。

爱美之心人皆有，当代人对自我形象的要求越来越高，因此对化妆技术的追求也越来越高。美容美妆类短视频受到的关注度和喜爱度越来越高，且很容易被转发，所以热度一直不减，如图 1-11 所示。

（6）励志类。

在国家大力弘扬社会主义核心价值观的宣传影响下，众多短视频平台响应国家的号召弘扬正能量，发布很多励志类短视频。积极向上的励志类短视频能给人正向的动力，正能量是人们对生活的积极需求，永远都是会受到大家欢迎的。图 1-12 所示为励志电影《当幸福来敲门》的片段，传递正能量的励志类短视频内容很容易引起共鸣、点赞、评论，也很好吸粉。

图 1-11　美容美妆类短视频

图 1-12　励志类短视频

小任务 1

上抖音短视频平台查找短视频按视频内容分类的代表作品，查看其点赞数、留言数、转发量。

类别	视频位置	点赞数	留言数	转发量
搞笑类	抖音搜索“搞笑”点击第一个视频			
美食分享类	抖音搜索“美食分享”点击第一个视频			
演艺界人士类	抖音搜索“演员”点击第一个视频			
旅行旅游类	抖音搜索“旅行旅游”点击第一个视频			
美容美妆类	抖音搜索“美容美妆”点击第一个视频			
励志类	抖音搜索“励志”点击第一个视频			

3. 电商短视频主题类型

（1）深度测评。

电商短视频深度测评主题类型，即用实验测试产品的过程展示，与其他产品的效果对比，详细评述产品的质地、特点、上身效果，产品的真实使用演示，产品开箱过程或开箱试吃的真实展示等，用视频口播或字幕表达测评结论、使用心得、经验分享等，让受众能更加直观、真实、深刻地了解该产品，如图 1–13 所示。

（2）生活记录。

电商短视频生活记录主题类型，特点是记录生活、旅行等精彩片段，让受众体会到该产品浓浓的生活气息，或是在旅行时的产品的用途，体现产品的日常使用价值与实用性，增加受众对该产品的迫切需求，如图 1–14 所示。

（3）产地溯源。

电商短视频产地溯源主题类型，主要是围绕产地展开产品卖点的展示，突出产地的众多优势，给产品增加辨识度、知名度、认可度，增加受众对该产品的好感，提升受众对该产品的购买欲望，如图 1–15 所示。

（4）知识分享。

电商短视频知识分享主题类型，主要表现为发布前沿的资讯信息，如最新数码商品的热点追踪，吸引受众对该产品性能提升的兴趣；或是生活有用小知识的分享和经验指导，教观看者怎么做或怎么用，突出可操作性与实用性，如图 1–16 所示。

（5）简短情景剧。

电商短视频简短情景剧主题类型，就是通过对话互动或小剧场植入产品，使得产品在与一些场景的结合与运用中，更加鲜活地展示产品的特点、突出产品的优势、体

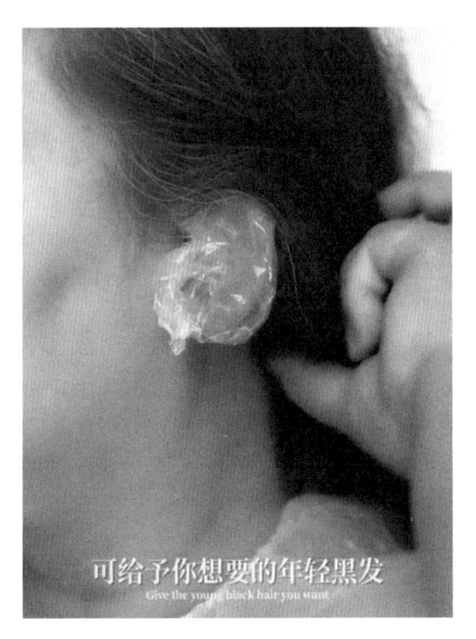

图 1-13　深度测评短视频

图 1-14　生活记录短视频

图 1-15　产地溯源短视频

图 1-16　知识分享短视频

现产品的档次，如图 1-17 所示。

（6）产品展示。

电商短视频产品展示主题类型，通过对产品细节、卖点、使用、穿搭等的解说，或使用直播切片再剪辑的短视频，结合字幕表达重点，让受众更加全面、直观地了解产品的特点与优势，如图 1-18 所示。

图 1-17　简短情景剧短视频类型

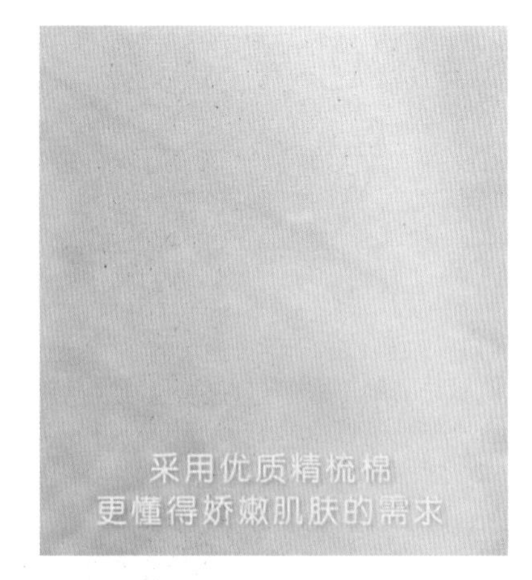

图 1-18　产品展示类短视频

小任务 2

打开素材库中学习情境一的短视频，判断其内容类型。

视频	视频类型
视频 1	
视频 2	
视频 3	
视频 4	
视频 5	
视频 6	

4. 短视频生产方式类型

短视频按照生产方式类型分类，可分为 UGC、PGC、PUGC 三种类型。

（1）UGC 类型。

UGC 指用户生产内容。就是由网民、普通用户主动创造并上传的内容，是以粉丝为中心，以用户的互动方式为内容的，如图 1–19 所示。UGC 是鼓励每一位普通访客参与互动起来，为目标站点不断地输出内容。用户参与多，自由上传的内容多，但是内容质量参差不齐。

（2）PGC 类型。

PGC 是指专业人士生产的内容。这类短视频内容优质，一开始就是付费模式，用户进入有心理预期，但是用户群体不够大，如图 1–20 所示。

图 1-19 UGC 视频类型

（3）PUGC 类型。

PUGC 是 PGC 和 UGC 相结合的内容生产模式。这类短视频的内容制作成本较低，但由于有人气基础，所以点击率高，具有较高的商业价值。它结合了 UGC 的广度和 PGC 的深度，最早由喜马拉雅提出，连接了上游的专业内容和下游广泛的用户，如图 1-21 所示。

图 1-20 PGC 视频类型

图 1-21 PUGC 视频类型

三、知名短视频平台介绍

（一）抖音平台介绍

1. 基本情况介绍

抖音，分为国内版与海外版（Tik Tok），是由北京字节跳动科技有限公司在今日头条的基础上孵化的一款音乐创意短视频社交软件，Logo 如图 1-22 所示。软件于 2016 年 9 月 20 日正式上线，是一个面向全年龄的音乐短视频社区平台。用户可以通过这款软件选择歌曲，拍摄音乐短视频，形成自己的作品。平台会根据用户的偏好推送用户喜爱的视频。抖音用户主要分布在一二线城市。

图 1-22　抖音 Logo

2. 主要功能

（1）分享生活，结识朋友。

在抖音短视频平台可以分享你的生活，同时抖音也是一个社交软件，在这里可以认识更多朋友。

（2）拓宽知识，愉获新知。

抖音平台有涉及生活方面的实用知识的短视频，也有大量的娱乐性短视频，让用户在了解各种奇闻趣事的同时愉悦心情。

（3）激发创意，创新作品。

用户可选用平台提供的模板，形成自己的作品，并通过歌曲配音的选择以及视频拍摄、视频编辑、特效等技术让视频更具创造性。

（4）分享音乐，享受音乐。

抖音平台音乐类型众多，主要的特点是都很有节奏感。

3. 平台特色

（1）中心化，强调优质爆款内容。

抖音 App 是面对普通大众推出的一款产品，人人都可以注册使用。抖音的口号是“记录美好生活”，隐喻的是内容突出美好，流量头部集中，强调爆款，以便短时间内锁定用户。

（2）无好友数量上限设置。

抖音短视频中添加好友的数量没有限制，而 QQ、微信、微博等都有添加好友数量上限。如此一来，抖音短视频不仅解决了当前主流社交软件存在的好友数量上限问题，还丰富了企业进行营销宣传的方式，让企业营销宣传过程变得简单、内容变得多元。商业变现的主要资源是流量，拥有了流量，就拥有了商业化的前提。

（3）传递知识，发挥社会教化功能。

现代人的时间越来越碎片化，几乎人手一部智能手机。基于此，短视频平台面向手机终端，主推“短、平、快”的视频。不同职业背景的人带来专业的知识分享，创新了知识扩散的渠道，某种程度上也加快了知识向造福大众方向转化的速度。

（二）快手平台介绍

1. 基本情况介绍

快手，是由北京快手科技有限公司创建，诞生于2011年3月，其前身为“GIF快手”，最初是一款用来制作、分享GIF图片的手机应用，Logo如图1-23所示。2012年11月，快手从纯粹的工具应用转型为用于用户记录和分享生产、生活的短视频社区。快手用户主要分布在二三线城市及乡村地带。

图1-23　快手Logo

2. 平台特色

（1）去中心化，强调社交属性。

快手红人不同于其他短视频平台的光鲜亮丽的美女帅哥，他们是生活中的普通人。快手的口号是“拥抱每一种生活”，强调了平台的包容性，除了头部流量，长尾创作者同样有曝光机会。快手利用去中心化的算法将草根红人的短视频推送给更多的人。

（2）有话语权，引发情感共鸣。

草根群体的发声渠道有限，短视频的兴起为草根群体发声提供了有利条件。受众想释放自己的表达欲，也希望看到帮自己说出心声的短视频。这就需要红人在创作内容时，直击受众痛点，引发受众共鸣。引发情感共鸣是很大一部分内容创作者常用的创作方法。

（3）大数据精准匹配用户和内容。

去中心化是快手的一个显著特点，快手头部的红人非常少，大量用户集中在腰部。由于快手上的内容多为对生活的记录，所以腰部各行各业用户的生活记录构成了内容的主体。内容越细分，越容易实现精准营销。在大数据的协助下，受众更容易看到匹配度高的内容。

（三）微信视频号

1. 基本情况介绍

微信视频号是 2020 年 1 月 22 日腾讯公司官微正式宣布开启内测的平台，Logo 如图 1-24 所示。微信视频号不同于订阅号、服务号，它是一个全新的内容记录与创作平台，也是一个了解他人、了解世界的窗口。视频号的位置在微信的发现页内，即朋友圈入口的下方。视频号内容以图片和视频为主，可以发布长度不超过 1 分钟的视频，或者不超过 9 张的图片，还能带上文字和公众号文章链接，而且不需要 PC 端后台，可以直接在手机上发布。视频号支持点赞、评论进行互动，也可以转发到朋友圈、聊天场景，与好友分享。

图 1-24　微信视频号 Logo

2. 平台特色

（1）生态闭环，先天优势。

视频号与朋友圈、公众号相互联系，三者之间形成了完整的生态闭环，这造就了视频号的先天性用户优势。视频号和微视不同，并非独立的 App，而是与微信深度捆绑的产品。在这种状态下，视频号几乎可直接“收割”微信的流量。

（2）用户基数大，流量优势。

目前微信月活跃账户数超过 11.5 亿，几乎实现了对互联网所有用户的全覆盖，这是腾讯的巨大资源，也为视频号的发展提供了得天独厚的流量优势。可以设想，即使只有十分之一的微信用户在视频号发送短视频，也可达到数以亿计的日活量。

（3）深入“真实生活”，开拓本地生活服务。

视频号鼓励人人创作，并通过微信手机定位功能，向用户推荐本地的信息。将短视频内容从浮于虚拟世界的兴趣层面，拉回了脚踏实地的生活层面。通过视频号，用户可以浏览到同城的美食推荐，或者自己所在区域的热点消息。视频号的最终目的是让用户关注生活、关注社交。

（4）推荐不同，知识面更丰富。

快手以内容创作者为导向，偏重社区属性；抖音以用户为导向，偏重媒体属性。两者皆通过算法筛选受众喜爱观看的视频类型。而视频号则以亲朋好友为导向，因此更偏重社交属性。这种基于社交关系的推荐机制在一定程度上可以避免算法推荐的单一化和同质化劣势，降低用户产生审美疲劳的可能性。

（四）淘宝短视频

1. 平台简介

淘宝短视频广泛出现在商品主图、详情页、微淘、店铺首页等领域，图 1-25 所示为淘宝短视频主图视频。同时也出现在手淘爱逛街、有好货、必买清单、每日好店等页面。淘宝短视频可以让买家更加快速、深入了解公司产品的基本信息和功能以及一些产品的卖点、亮点。

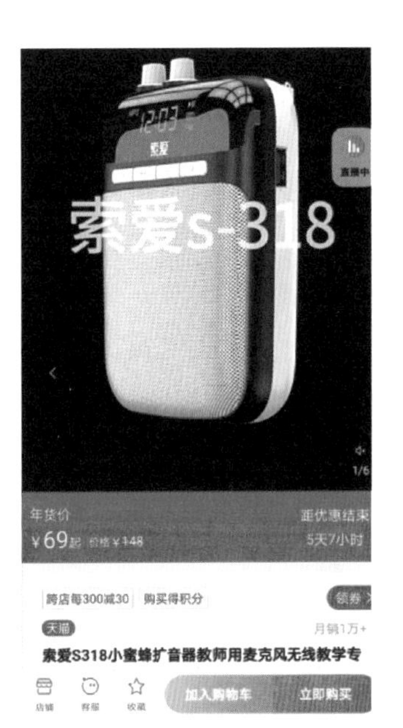

图 1-25　淘宝短视频主图视频

2. 平台现状

（1）淘宝短视频的占比越来越大。

2021 年短视频行业报告显示：淘宝平台短视频的日活跃用户数量达到了 3.6 亿，位于日活跃第一梯队，短视频覆盖了淘宝全部领域。淘宝的大部分热销商品都有短视频。

（2）淘宝短视频对流量和转化率的提升越来越大。

优质内容的短视频，淘宝平台在流量分发上给予一定倾斜。如果不做短视频，卖家将会错过流量提升的良机，整体店铺销量也将落后于其他店铺。短视频有利于买家在碎片化时间更加直观真实地了解产品，真实感变强，延长了买家平均停留时间，减轻了客服的压力，提高了转化率。淘宝官方数据表明，整体发布主图短视频的商品成交转化率提升约 25%。

（3）淘宝短视频的制作业务需求越来越大。

为了提升短视频的质量，淘宝平台把优质内容的短视频放到淘宝有好货、哇哦视频、每日好店、猜你喜欢等前台板块进行集中展示。无论是专业机构、达人，还是普通商家制作的短视频，只要是优质内容的短视频，就有机会在淘宝前台板块展示。因此，淘宝短视频的制作业务量越来越大，短视频正在经历一个爆发式增长的过程。

（五）小红书平台介绍

1. 基本情况介绍

小红书是行吟信息科技（上海）有限公司开发的一个平台，Logo 如图 1-26 所示。小红书是一

图 1-26　小红书 Logo

个生活方式平台和消费决策入口，用户群体偏向一二线城市的年轻人。在小红书社区，用户通过文字、图片、视频笔记的分享，记录了这个时代年轻人的正能量和美好生活。小红书旗下设有电商业务。

2. 平台特色

（1）内容社区，分享购物经验。

和其他电商平台不同，小红书是从社区起步的。一开始，用户注重于在社区里分享海外购物经验，到后来，除了美妆、个护，小红书上出现了关于运动、旅游、家居、旅行、酒店、餐馆的信息分享，触及了消费经验和生活方式的方方面面。如今，社区已经成为小红书的壁垒，也是其他平台无法复制的地方。

（2）口碑营销，海外购物。

小红书通过累积的海外购物数据，分析出最受欢迎的商品及全球购物趋势，并在此基础上把全世界的好东西，以最短的路径、最简洁的方式提供给用户。真实的用户口碑能提高转化率，而整个社区就是一个巨大的用户口碑库。

（3）正品自营，促销优惠。

小红书与多个品牌达成了战略合作，越来越多的品牌商家通过品牌号在小红书销售。小红书还将美国“黑色星期五”移植到国内，结合自身独特的红色元素，推出“红色星期五”大促。

（六）腾讯微视

1. 基本情况介绍

微视，是腾讯旗下短视频创作平台与分享社区，Logo如图 1–27 所示。用户不仅可以在微视上浏览各种短视频，同时还可以通过创作短视频来分享自己的所见所闻。此外，微视还结合了微信和 QQ 等社交平台，用户可以将微视上的视频分享给好友和社交平台。

图 1–27　腾讯微视 Logo

2. 平台特色

再好的产品都需要流量入口，微视背靠腾讯，有巨大的流量优势。腾讯生态直接给到微视的流量资源是 QQ 空间、微信、QQ 音乐曲库等，它与腾讯微视互相打通，特别是朋友圈短视频时间延长功能在腾讯微视也可以实现，受到一些微信用户的青睐。

（七）美拍

1. 基本情况介绍

美拍是由厦门美图网科技有限公司推出的一款可以直播、制作小视频的受年轻人喜爱的软件，Logo 如图 1-28 所示。2014 年 5 月上线后，美拍连续 24 天蝉联 App Store 免费总榜冠军，并成为当月 App Store 全球非游戏类下载量第一名。

图 1-28　美拍 Logo

2. 平台现状

美拍近几年日活跃用户数量在减少，用户流失严重。随着抖音、快手、小红书等平台的崛起，美拍不少用户也转移到以上平台。面临着巨大的挑战，美拍也一直在努力调整平台定位，试图通过演员来吸引流量关注，但只是带来了前期的流量，后期收效甚微。

（八）西瓜视频

1. 基本情况介绍

西瓜视频是字节跳动旗下的个性化推荐视频平台，Logo 如图 1-29 所示。以“点亮对生活的好奇心”为口号，西瓜视频通过人工智能帮助每个人发现自己喜欢的视频，并帮助视频创作人轻松地向全世界分享自己的视频作品。

图 1-29　西瓜视频 Logo

2. 平台特色

（1）横屏视频。

抖音、快手的视频采用的是竖屏短视频录制、制作、播放方式，争夺的是竖屏视频市场，而西瓜视频另辟蹊径，运用的是横屏视频，争夺的是横屏市场。

（2）视频更专业，质量更高。

大量的专业视频制作团队开始都是采取横屏构图，其拍摄工具专业、镜头语言等也有一套成熟的制作流程，因此横屏制作的视频更具有专业水准，短视频的质量更高。

（3）视频资源丰富。

西瓜视频平台里面有众多自制的影视和综艺节目，种类较多，视频资源丰富，可以很好地满足不同用户对视频的偏好。

小任务3

根据书本内容以及通过网络查阅资料完成下列表格：

平台名称	成立时间	用户数量	活跃用户数量	用户年龄分布	用户地域分布
抖音					
微信视频号					
淘宝短视频					

总结出上表中三个短视频平台的三个相同点与不同点，填入下表：

相同点	不同点

四、团队组建

现在短视频领域的竞争越来越激烈，短视频制作从个人制作转化为团队作战，制作出的作品更具备专业性，在市场竞争中更容易取胜，因此需要组建短视频制作团队。

（一）人员构成及工作职责

1. 编导

短视频的编导在整个短视频的制作过程中起到非常重要的作用，相当于一个节目、一部电影的“导演”，对短视频的全局进行整体掌控把握。一个能力强的短视频编导能够指导短视频的制作，使其变得与众不同，从而吸引更多的用户。

2. 摄像师

短视频的表现力是通过镜头语言来表现的，因此短视频摄像师决定着视频拍摄呈现的效果。优秀的短视频摄像师能通过自己的摄影技术，运用好摄像镜头，将编导策划好的拍摄任务完成。

3. 剪辑师

剪辑师通过对摄制镜头的编剪、组接，实现导演的创作意图和艺术构思；对影视片的音乐、对白进行套剪及混录；运用纯熟的剪辑技术，针对产品特性进行剪辑创意，完成节目编辑和成片出库。对于短视频的创作，后期的剪辑犹如“画龙点睛”之笔，可以将前期并不完美的视频通过后期剪辑得到改善。

4. 运营人员

在短视频平台越来越多、竞争越来越激烈的时代，如果没有专业的短视频运营人员进行短视频运营与推广，则很可能即使视频内容很优秀，也会被淹没在众多的短视频信息浪潮中。因此运营人员直接影响着短视频能否引起他人的注意，能否具有商业变现的价值。

5. 演员

短视频的拍摄经费有限，所以演员都是非专业的，要根据视频的类型选择合适的演员。比如：美食类视频对演员对美食的理解、对美食传达的吸引力有着较高的要求，需表现出美食的诱惑力，表达出美食的美味；美容美妆类视频要选择懂化妆、面容姣好的年轻女性，能在镜头面前快速熟练试妆，突出化妆前后的反差比，凸显化妆品明显的作用；搞笑类视频一般倾向于选择自带喜气的脱口秀类喜剧演员，这样更能传达表现出喜剧的效果。

（二）拍摄设备的选择

常用的短视频拍摄设备有非专业的智能手机，以及专业的单反相机、DV摄像机、肩扛摄像机。在选择摄像器材时，要根据经济情况、器材的功能、拍摄的题材来选择拍摄设备。

1. 经济情况选择

经济不允许的话，一部智能手机也能满足短视频拍摄的需求，只是对画面的清晰度、画面是否防抖、画质等不能有太高的要求，毕竟比不上专业的摄像设备。经济允许的专业短视频团队，则可以购买一些专业的单反相机、DV摄像机、专业级摄像机，来达到更高水平的出片效果。

2. 器材功能选择

每个器材所包含的功能不一致，要根据自己对器材的要求选择有相应功能的器材。

如画面清晰度、像素、画质、防抖功能、变焦功能、自动对焦功能等，根据自己拍摄短视频时所需要的功能来购买拍摄设备。

3. 拍摄题材选择

不同的拍摄题材所用到的拍摄设备不一致，例如在拍摄一些实时搞笑类、直播类的题材可选用便捷的智能手机；拍摄一些比较庄重的访谈类、技能教学类视频，可以使用专业的 DV 摄像机及专业级肩扛摄像机等；拍摄一些需要用到拍照插入照片的短视频时，可以使用单反相机、DV 摄像机拍摄。

任务分析

岗位工作能力分析。

小明通过对短视频搭建团队的理论学习之后，和同学组建了一个短视频拍摄团队，请你为他组建的短视频团队人员进行分工。

根据自身的情况认真分析，在自己具备的工作能力相应处打“√”，工作能力稍弱的相应处打“○”，工作能力不具备相应处打“×”。哪个岗位打“√”的越多代表越适合做哪一个短视频团队的岗位；哪个岗位打“○”越多，代表具有哪个岗位的潜力；哪个岗位打“×”越多，代表目前的能力暂时还不适合这个岗位。

岗位	能力要求	具备	稍弱	不具备
编导	全局把控能力			
	学习能力			
	应变能力			
	表达能力			
	沟通能力			
	观察能力			
	判断能力			
摄像师	了解镜头脚本语言			
	精通拍摄技术			
	了解视频剪辑			
	审美能力			
剪辑师	短视频编辑能力			
	剪辑素材能力			
	分辨素材好坏能力			
	找准剪辑点能力			
	选择配乐能力			

续表

岗位	能力要求	具备	稍弱	不具备
运营人员	内容管理能力			
	用户管理能力			
	渠道推广能力			
	数据分析能力			
	数据管理能力			
演员	语言表达能力			
	表现能力			
	模拟能力			
	想象力、感受力			
	外在身材、容貌			

任务决策

根据上述表格的统计结果列出能胜任的工作岗位。

岗位	姓名
编导	小明
摄像师	小东
剪辑师	小华
运营人员	小花
演员	小李

任务实施

明确各岗位分工职责，填写下表。

序号	工作岗位	岗位职责	人员
1	编导	对短视频的全局进行整体掌控把握，指导短视频的制作	小明
2	摄像师	通过自己的摄影技术，运用好摄像镜头，将编导策划好的拍摄任务完成	小东
3	剪辑师	对摄像师拍摄完的短视频进行剪辑，完成节目编辑和成片出库，改善前期不完美的视频，使其在后期得到提高	小华
4	运营人员	对短视频进行运营与推广，引起他人的注意，实现商业变现的价值	小花
5	演员	对短视频的角色进行深入理解演绎，能将产品卖点充分表达出来	小李

同步实训

一品茶旗舰店计划为龙井茶策划一个知识分享类30～40秒的短视频，该短视频将投放到抖音平台运营，请你为该龙井茶搜索几条知识分享类的短视频作为参考，并分析视频的优缺点，为接下来的短视频制作做好准备。

视频	优点	缺点
视频1		
视频2		
视频3		
视频4		
视频5		

情境考核

短视频团队组建计划书任务

1. 考核目的

根据短视频人员岗位工作能力分析、构成及工作职责、团队组建费用预算，制订短视频团队组建计划书。

2. 考核准备

（1）组队：以小组为单位，4～6人一组，并选出一名组长，分配好组员的工作。

（2）用具：根据短视频团队组建计划书准备。

3. 考核任务

传媒设计部要组建一支短视频拍摄团队，现在需要进行岗位工作能力分析、岗位职责及人员分配、团队搭建费用预算、前期具体工作安排，从而确定短视频团队组建计划书。

4. 任务步骤

（1）岗位工作能力分析。

（2）岗位职责及人员分配。

（3）团队组建费用预算。

（4）前期具体工作安排。

5. 任务实施

（1）根据自身的情况认真分析，在自己具备的工作能力相应处打“√”，工作能力稍弱的相应处打“○”，工作能力不具备相应处打“×”。哪个岗位打“√”的越多代表越适合做哪一个短视频团队的岗位；哪个岗位打“○”越多，代表具有哪个岗位的潜力；哪个岗位打“×”越多，代表目前的能力暂时还不适合这个岗位。

岗位	能力要求	具备	稍弱	不具备
编导	全局把控能力			
	学习能力			
	应变能力			
	表达能力			
	沟通能力			
	观察能力			
	判断能力			
摄像师	了解镜头脚本语言			
	精通拍摄技术			
	了解视频剪辑			
	审美能力			
剪辑师	短视频编辑能力			
	剪辑素材能力			
	分辨素材好坏能力			
	找准剪辑点能力			
	选择配乐能力			
运营人员	内容管理能力			
	用户管理能力			
	渠道推广能力			
	数据分析能力			
	数据管理能力			
演员	语言表达能力			
	表现能力			
	模拟能力			
	想象力、感受力			
	外在身材、容貌			

（2）岗位职责及人员分配。

岗位	职责	人员

（3）团队组建费用预算。

项目	预算费用

（4）前期具体工作安排。

名称	工作内容	说明	人员	完成时间

6. 考核评价

计划书作品评价（50分）					
评价指标	分数	评价说明	自我评价	小组评价	教师评价
拍摄设备的准备	10分	符合预算、经济实用、理由充分合理			
拍摄辅助设备的准备	10分	符合预算、经济实用、理由充分合理			
岗位职责及人员分配	10分	符合学生特点、与学生能力相匹配、能充分发挥学生优势			
团队组建费用预算	10分	符合预算、最大程度用预算范围内的钱达到最好的拍摄效果的道具的选择			
前期具体工作安排	10分	详细、合理、有条理			
完成态度（30分）					
职业技能	10分	符合实际需求，能够根据实际情况策划、撰写好计划书，做到资金预算合理、人员利用充分			
工作心态	10分	抱有信心，努力做好工作，能配合并完成计划书工作			
完成效率	10分	在规定时间内按质按量地完成分配的任务			

续表

团队合作（20分）					
沟通分析	10分	遇到意见不一致主动讨论，解决问题			
团队配合	10分	快速地协助小组成员进行工作			
计分					
总分（按自我评价30%、小组评价30%、教师评价40%计算）					

短视频策划

情境导入

通过学习情境一对短视频知识的学习，对短视频岗位有了一定的认知。传媒设计部发出一任务，要求为一品茶旗舰店策划一款绿茶的电商主图短视频，需针对目标人群、产品卖点策划短视频内容，涵盖2～3个卖点，包含产品本身与品牌展示，撰写分镜脚本。

学习目标

知识目标

掌握目标人群及产品分析方法；

掌握短视频内容策划方法；

掌握短视频脚本撰写方法。

技能目标

能够分析产品以及对应的目标人群；

能够策划短视频方案；

能够撰写短视频分镜头脚本。

思政目标

注重团队合作及沟通。

知识探究

一、目标人群分析

在视频拍摄前，首先要做好目标人群分析，明确目标人群的喜好、主流需求，才能在短视频的内容选择上有针对性地迎合群体口味，从而更好地吸引目标人群的眼球。

目标人群分析是指以目标人群为中心，分析目标人群的年龄段、地域分布、特征及购买力，了解目标人群偏好，挖掘目标人群需求，从而实现精准化短视频运营。

目标人群分析的大数据平台有付费的卡思数据（https：//www.caasdata.com/）、飞瓜数据（https：//www.feigua.cn/）、蝉妈妈数据（https：//www.chanmama.com/）、淘系的生意参谋等，有免费的百度指数（http：//index.baidu.com/）、360 趋势（https：//trends.so.com/），可以根据自己的需求查看数据。

例如，要分析彩色铅笔的目标人群，登录蝉妈妈数据网，在搜索栏输入“彩色铅笔”，点击“搜索”，点击商品处的“更多商品”进行查看，如图 2–1 所示。

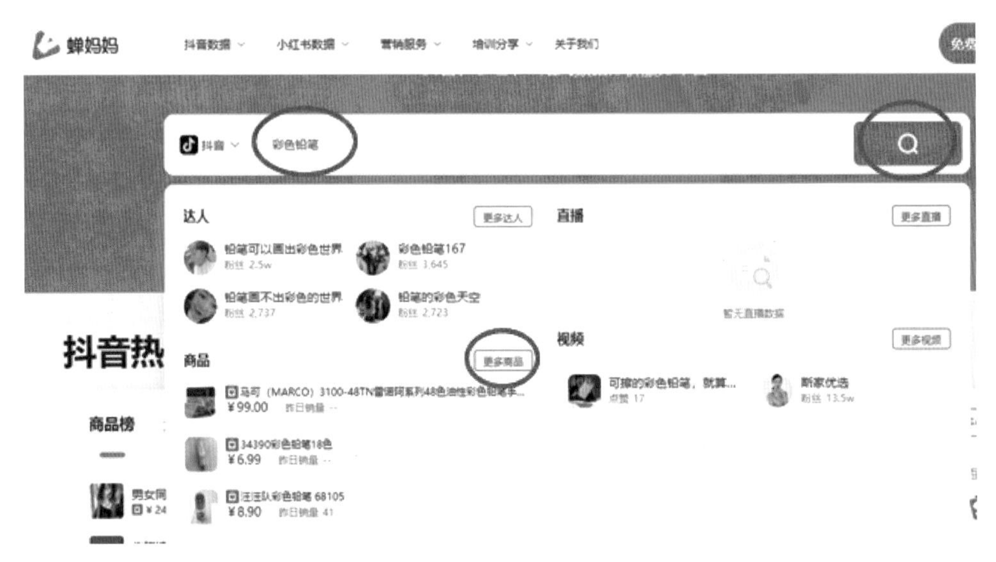

图 2–1　商品搜索

搜索结果如图 2–2 所示，可以选择“商品来源”使数据更精准。部分数据过低的视频没有观众分析数据，可点击“昨日抖音浏览量排序”，选择浏览量大又与自己商品相近的视频查看观众分析数据。

图 2–2 商品搜索结果

观众分析数据如图 2–3 所示，可以看到彩色铅笔目标人群为女性居多，年龄以 18 岁以下人群居多、地域主要为山东及河南。

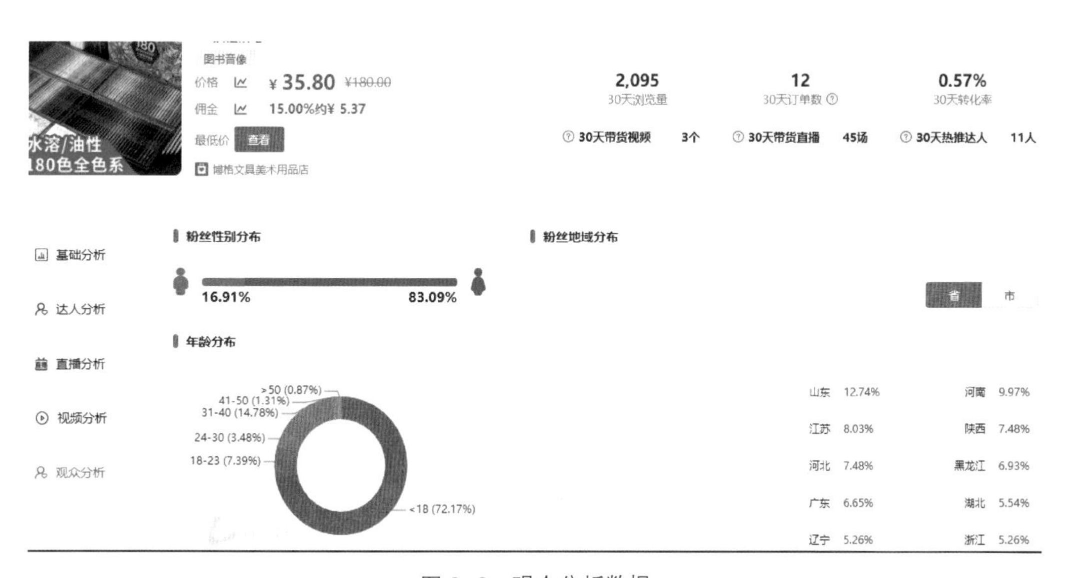

图 2–3 观众分析数据

登录 360 趋势搜索“彩铅”，如图 2–4 所示。点击“需求分布”可以查看彩色铅笔的人群需求，如图 2–5 所示。

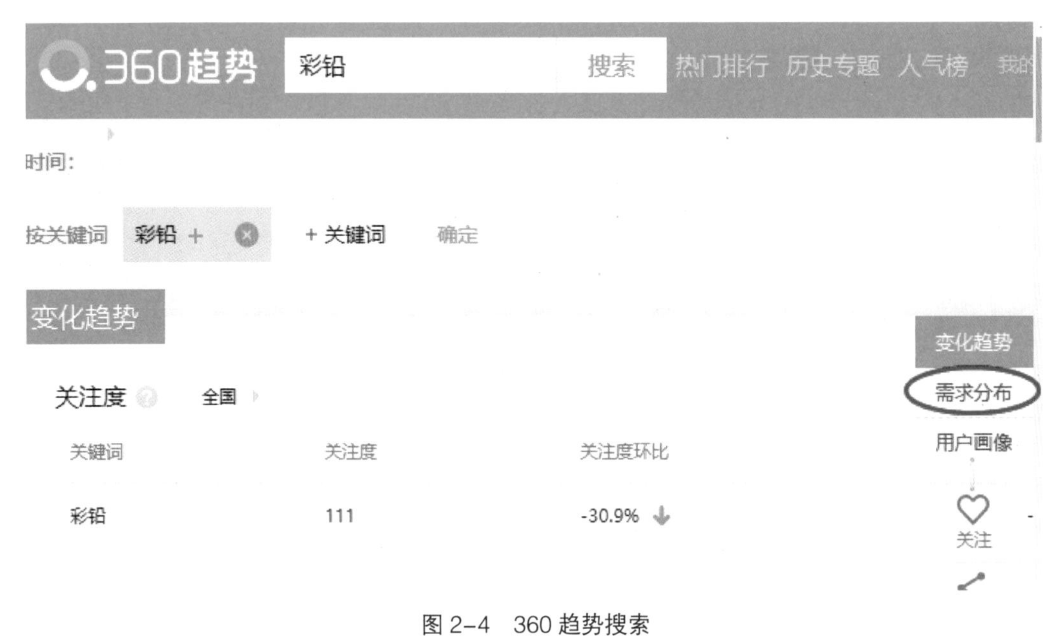

图 2-4　360 趋势搜索

图 2-5　彩铅需求分布

由此分析得出彩色铅笔的目标人群为 18 岁以下女生，她们主要关注彩铅画教程、风景画、彩铅画等。

小任务

护眼台灯商家正在进行短视频策划，请你登录蝉妈妈数据网、360 趋势为护眼台灯做目标人群分析，将分析结果记录到下表，并写出目标人群分析结论。

商品	护眼台灯
性别	男比例： 女比例：
年龄	第一比例： 第二比例： 第三比例：
地域	第一比例： 第二比例： 第三比例：
结论	

二、产品卖点分析

好的短视频就像一个好的客服，能够解答消费者心中的疑问，可以更直接地促进消费者下单购买。分析目标人群后，还需要分析产品卖点，可以通过哪些方式去挖掘产品卖点呢？

所谓“卖点”，就是指商品具备的与众不同的特色、特点。这些特点、特色，一方面是产品与生俱来的，另一方面是通过营销策划人的想象力、创造力产生的。简单地说，卖点就是打动消费者的独特的、最核心的利益点。我们只有找准商品的卖点，才能有的放矢地进行拍摄。

（一）分析自身产品

可以运用 FAB 法则挖掘产品卖点。FAB 法则，即属性（Feature）、作用（Advantage）、益处（Benefit）的法则。FAB 法则详细介绍所销售的产品如何满足消费者的需求、如何给消费者带来利益的技巧，有助于更好地展示产品。

属性：是指产品有哪些特点和属性，即一种产品能看得到、摸得着的部分。

作用：是指从特性引发的用途，即这种属性会给消费者带来的作用或优势。

益处：是指作用或者优势会给消费者带来的利益，即对消费者的好处。

当拿到一件需要拍摄视频的商品时，我们先考虑这个商品会给消费者带来哪些益处，而这些益处是由哪些作用决定的，最后把这些作用归结到商品的特点或卖点上，就成为拍摄点了。

下面以一件女装 T 恤为例来分析如何挖掘产品卖点（拍摄点），如表 2-1 所示。

表 2-1　产品卖点

序号	B（益处）	A（作用）	F（卖点或拍摄点）	图片展示
1	简约大方	自然效果	正面	
2	纤细身形	收腰效果	背面	
3	穿着舒适	合体效果	侧面	
4	手感柔软舒适	吸汗、透气、不刺激皮肤	纯棉	

（二）分析同类竞品

分析同类竞品，就是分析竞争对手产品的卖点，主要可以从竞品的主图、宝贝详情、宝贝评价、买家秀、问大家等方面进行分析。如图 2-6 所示，可以看到买家评价毛巾略薄，指出了竞品的缺点，然后思考自身的产品有没有厚实这个卖点。如果有，那么视频内容可以把毛巾的厚度和重量展示出来。

挺舒服的，就是稍微有点薄。

颜色分类：E0117红+兰　邓***2（匿名）

04.05

面料材质：很柔软，吸水很强，缺点就是略薄

颜色分类：W1240深棕+粉　蔺***士（匿名）超级会员

04.05

图 2-6　买家评价

通过同类竞品分析，提炼消费者最关心的问题，最后把所有找到的卖点汇总，用排除法一个个分析，保留三四个卖点就可以了。

小任务

请你分析自己使用的中性笔的卖点及不足，到淘宝平台找找这款中性笔的竞品，然后从竞品的主图、宝贝详情、宝贝评价、买家秀、问大家等方面分析竞品的卖点及不足，提炼总结自己使用的中性笔的卖点。

自身产品分析	1
	2
	3
竞品分析	1
	2
	3
产品卖点总结：	

三、短视频内容策划

短视频内容的本质就是与观看者传达和沟通信息，向观看者论证视频内容价值并促使观看者关注或购买产品的过程。

（一）短视频前 3 秒激发观看者兴趣

短视频前 3 秒需激发观看者的兴趣，争取让其留下继续观看。可以从哪些方面激发观看者兴趣呢？

（1）颜值高的人物做模特，配备背景色统一、简单清爽的高质感画面。

（2）标题、文字、对话、商品直接抛出短视频主题，让观看者一目了然，如图 2–7 所示。

图 2–7　短视频文字

（3）突出商品、场景、人物的稀缺性、小众性，或制造悬念引起观看者关注及追看。

（4）利用演员、网红、名品、爆品吸引观看者。

（5）利用语言、文字、图片等方式蹭行业热点、潮流，利用观看者从众心理吸引观看。

这五个方面不需要面面俱到，只要找准自己的目标人群，分析自己目标人群对哪一方面更感兴趣，针对目标人群的兴趣点，在某个方面表现出色就可以吸引观看者。

（二）短视频 3 秒后为观看者提供有价值信息

短视频要在短短的十几秒时间内，尽量在横向、纵向、多维度上提供更多有价值的信息。

（三）短视频内容与观看者形成对话，拉近心理距离

在短视频中使用生活化的场景搭配口语化的介绍，如“安利”“力荐”“真爱”“自用”等具有情绪感染力的词语，与观看者产生交流感和对话感，避免生硬的广告营销，拉近与观看者的心理距离，如图 2–8 所示。

图 2–8　短视频口语化介绍

（四）让观看者理解并接受短视频的内容

从短视频目标人群最焦虑、最关心的痛点切入，唤起观看者的注意，提升短视频的针对性，将产品的核心卖点、使用效果等展示给观看者并使其接受。

（五）让观看者因偏爱或认同产生认同感

通过一整套相互协调和连贯的视频风格构建视频主体的人设，吸引目标人群。契合目标人群的习惯适当加入搞笑、造梗、才艺、模仿、卖萌、潮流等娱乐元素，让观看者产生共鸣。也可给观看者提供教程、攻略、干货、指南等知识科普或传授类内容，收获粉丝。

短视频策划内容举例分析如表 2–2 所示。

表 2-2 短视频策划内容举例分析

	策划要点	具体分析
打开素材库中的短视频“麦芽糖”	短视频前 3 秒激发观看者兴趣	视频前 3 秒利用字幕、台词直接抛出短视频主题，让观看者一目了然 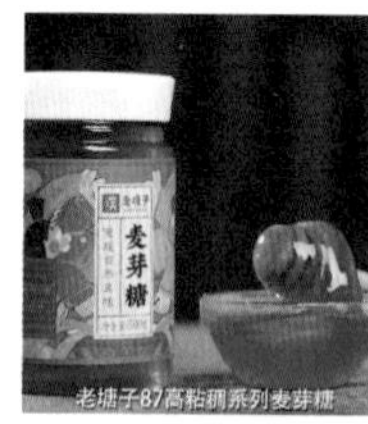
	短视频 3 秒后为观看者提供有价值信息	视频（3 ~ 13 秒）从原料、麦芽栽培、工艺、熬制等多个维度介绍麦芽糖的制作 
	让观看者理解并接受短视频的内容	视频（14 ~ 24 秒）突出产品的核心卖点：口感、黏稠、拉丝长、好吃又好玩 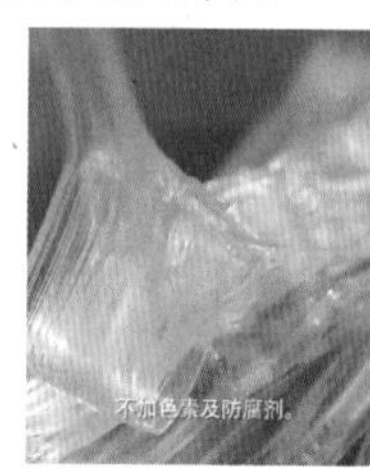
	让观看者因偏爱或认同产生认同感	视频（25 ~ 47 秒）介绍麦芽糖可烘焙、制作烤肉、入药、减少妊娠呕吐等作用 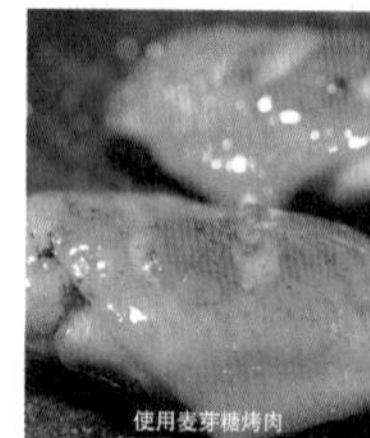

请打开素材库，观看表格中的短视频，判断其内容符合哪些策划要点。

视频	策划要点	具体分析
防晒衣		
速干衣		
背背佳		
螺蛳粉		
橙子		

四、短视频脚本撰写

短视频脚本是短视频拍摄的大纲和要点规划，用于指导整个短视频的拍摄方向和后期剪辑。短视频脚本大致可以分为：拍摄提纲、文学脚本和分镜头脚本

（一）拍摄提纲

拍摄提纲是为准备拍摄的短视频明确主题，罗列拍摄要点内容，搭建基本框架即拍摄提纲，如图 2-9 所示。

电热水壶

1. 整个电热水壶特写
2. 玻璃壶身特写（国产高硼硅玻璃　环保　健康　安全　耐热　防裂）
3. 壶底不锈钢带 CIECE 标志（SUS#304 食品级不锈钢）
4. 电热水壶
5. LED 灯特写（炫酷蓝光）
6. 手柄特写（手柄自带数码功能　温度由你掌控）
7. 壶嘴特写
8. 壶嘴倒水进杯（倒水方便）
9. 壶盖特写
10. 壶盖慢慢打开（特殊自动慢开盖设计）

图 2-9　拍摄提纲示例

拍摄提纲一般包括五个部分，分别是：

（1）选题：进一步明确拍摄视频的选题意义、主题立意和创作的主要方向，为创作人员确定一个明确的创作目标。

（2）视角：表现选题的角度及切入点。

（3）体裁：创作要求、创作手法、表现技巧和选材标准。

（4）调性：作品风格（如轻快、沉重）、画面（色调影调、构图、用光）、节奏（外部节奏与内部节奏）。

（5）内容：拍摄要点。

（二）文学脚本

文学脚本是在拍摄提纲的基础上添加了一些细节内容，使脚本更加丰富完善，适合一些不存在剧情、直接展现画面和表演的短视频拍摄，如图 2–10 所示。

电热水壶

1. 先介绍产品各部分的功能，如壶身、壶盖、壶柄、壶嘴、壶身自带的蓝色 LED 灯的细节特写，加上一些动态的摇移镜头，配上字幕作解释，介绍产品的性能。
2. 着重表现壶身的蓝色 LED 灯和手柄的数码功能，和“自动慢开盖”特殊开盖方式的作用和优势。
3. 通过泡花茶所需温度 80℃为标准，在水壶默认温度为 50℃的情况下通过特写调节温度体现其数码恒温功能。
4. 烧一壶开水，泡一壶花茶来体现产品的实用价值与使用氛围。最后，以一个女模特拿起水壶泡的茶很享受的品尝结束。

图 2–10　文学脚本示例

（三）分镜头脚本

分镜头脚本最细致，既是前期拍摄的脚本、后期制作的依据，也是长度和经费预算的参考。主要包括镜号、画面内容、时长、景别、拍摄方式、拍摄角度、字幕等，如表 2–3 所示。

表 2–3　“电热水壶”分镜头脚本示例

镜号	画面内容	拍摄方式	拍摄角度	景别	字幕及效果
1	整个电热水壶	左→右移动拍摄	平拍	近景	
2	玻璃壶身	固定拍摄	平拍	特写	国产高硼硅玻璃　环保健康　安全　耐热　防裂
3	壶底不锈钢带 CIECE 标志	固定拍摄	平拍	特写	SUS#304 食品级不锈钢

续表

镜号	画面内容	拍摄方式	拍摄角度	景别	字幕及效果
4	电热水壶	上→下移动拍摄	俯拍→仰拍	特写	
5	蓝色 LED 灯	右→左移动拍摄	平拍	特写	炫酷蓝光
6	数码手柄	固定拍摄	平拍	特写	手柄自带数码功能 温度由你掌控
7	壶嘴	下→上移动拍摄	俯拍	特写	
8	壶嘴倒水进杯	固定拍摄	平拍	近景	倒水方便
9	壶盖	固定拍摄	俯拍	特写	
10	壶盖慢慢打开	固定拍摄	平拍	近景	特殊自动慢开盖设计

（1）镜号：镜头的号数。

（2）画面内容：镜头画面要表现的具体内容。

（3）时长：一个镜头画面使用的时间。

（4）景别：在焦距一定时，摄影机与被摄体的距离不同，而造成被摄体在摄影机录像器中所呈现出的范围大小的区别。景别有远景、全景、中景、近景、特写，如图 2–11 所示。

图 2–11　景别

（5）拍摄方式：主要指镜头。镜头分为固定镜头和运动镜头，运动镜头又有推镜头、拉镜头、摇镜头、甩镜头、移镜头、升降镜头等，如表 2–4 所示。

表 2-4 拍摄方式

拍摄方式	特点	拍摄效果
推镜头	被摄对象不动，镜头由远及近向被拍摄主体推进，由整体到局部，主要用于描写细节、突出主体、制造悬念	微课：推镜头效果
拉镜头	被摄对象不动，镜头由近到远逐渐远离被摄主体，由局部到整体，主要突出被摄主体与整体的效果	微课：拉镜头效果
摇镜头	拍摄设备位置不动，镜头从上、下、左、右、斜拍摄，具有描绘作用，常用于介绍环境、从一个被摄主体转向另一个被摄主体，表现人物运动、人物的主观视线或内心感受	微课：摇镜头效果
甩镜头	镜头急速从一个方向到另一个方向，强调空间的转换或同一时间发生的并列情景，用于表现内容的突然过渡	微课：甩镜头效果
移镜头	被摄对象不动，镜头移动拍摄，使被摄主体从画面依次划过，造成巡视或展示的视觉效果	微课：移镜头效果
跟镜头	镜头跟随运动着的被摄对象进行拍摄的画面，表现被摄对象在行动中的动作和表情，突出运动中的主体，交代动体的运动方向、速度、体态及其与环境的关系，使动体的运动保持连贯，有利于展示被摄对象在动态中的面貌	微课：跟镜头效果
升镜头	镜头一边升一边拍摄的画面，能够改变镜头视角和画面的空间	微课：升镜头效果

续表

拍摄方式	特点	拍摄效果
降镜头	镜头一边降一边拍摄的画面，能够改变镜头视角和画面的空间	微课：降镜头效果
旋转镜头	该镜头使被摄对象呈现旋转效果，能够表现出眩晕的主观感受，或旋转的动体，或特定的情绪和气氛	微课：旋转镜头效果
环绕镜头	该镜头展现主体与环境之间的关系或人物与人物之间的关系，能够营造一种独特的艺术氛围	微课：环绕镜头效果
固定镜头	镜头固定不动的拍摄	微课：固定镜头

（6）拍摄角度。

平角又称一般拍摄角度，是将对象物体置于与摄像机镜头水平的位置上进行拍摄，如图 2–12 所示。这个角度的画面容易使观看者产生认同感，置身其中。

仰角拍摄就是将对象物体置于平线上，摄影机处于低于视平线的位置，也就是从低处向上仰角拍摄，如图 2–13 所示。

与仰角相反，俯角拍摄是将被拍摄物体置于摄像师的视平线下的位置，从高处往下拍摄，如图 2–14 所示。最典型的场景就是鸟瞰场景，一般用来展示商品的全貌。

图 2–12　平角拍摄

（7）字幕：就是画面上显示的台词或重点提示。字幕或台词不得出现违反广告法的信息，不得出现广告法规定的禁词，如触犯广告法，会罚款 20 万 ~ 100 万元。知法守法，合法经营，是每个人的责任。

图 2-13　仰角拍摄

图 2-14　俯角拍摄

请打开素材库，填写学习情境二小任务素材 2 的分镜头脚本。

直液笔		主题：					
镜号	画面内容	视频时长（s）	景别	拍摄方式	拍摄角度	字幕	备注

任务分析

小组讨论：

1. 该任务目标人群是哪些人群？
2. 产品从自身和竞品分析有哪些卖点？
3. 前 3 秒用什么方式吸引观看者？
4. 短视频的大致框架是什么？
5. 撰写短视频分镜头脚本。

任务决策

	任务分解	执行人
1	查找目标人群	小明
2	投放平台	小花
3	前 3 秒安排	小东
4	短视频框架	小华
5	短视频分镜头脚本	小李

任务实施

1. 目标人群分析

登录蝉妈妈数据网搜索“龙井茶”，找到相似商品，查看观众分析，如下图所示。

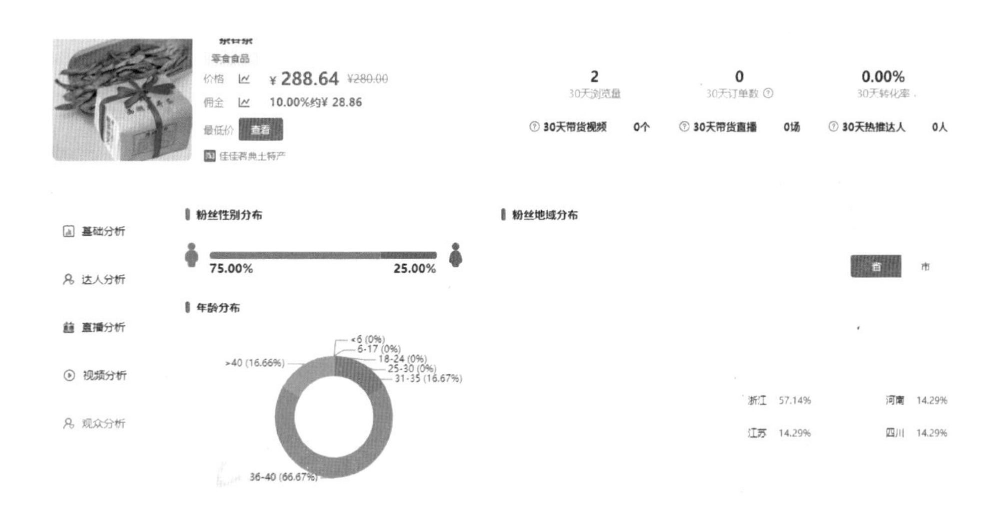

登录 360 趋势查找龙井茶目标人群需求分布，如下图所示。

结论：龙井茶的目标人群是 35 ~ 40 岁的男性，地域以浙江为主，该人群关心龙井茶价格、泡法、功效与作用。

2. 产品卖点分析

（1）自身产品：香气清新，滋味鲜爽甘醇，早春手工嫩采，口感香醇。

（2）竞品分析：从多个电商平台了解的龙井茶买家评价，如下图所示，买家主要关心茶香味、茶汤、口感等。

茶香味很足，冲泡后汤色明亮清透，口感很不错，活动期间价格实惠，值得购买的一款～

3. 前 3 秒用什么方式吸引观看者

根据目标人群的特点，男性倾向于理性消费，直接抛出主题，让观看者一目了然，卖点突出、有泡法展示的商品展示类短视频更适合。

4. 短视频的大致框架

（1）展示产品外包装以及品牌 /Logo。

（2）展示泡茶的过程。

（3）展示喝茶的过程。

5. 撰写短视频分镜脚本

主题：龙井茶茶叶拍摄，视频比例 9:16							
镜号	画面内容	字幕	视频时长（s）	景别	拍摄（运镜）方式	拍摄角度	备注
1	整套茶具站立展示，重点突出“龙井茶”罐	西湖龙井，国人喜爱的茶叶	5	近景	左→右移动拍摄	平拍	
2	铁盒旋转站立（展示整体外观），在画面偏右侧，手机移动灯光照射		4	近景	固定拍摄	平拍	展示产品外包装以及品牌/Logo
3	铁盒平放，拍摄Logo 品牌	—	2	特写	固定拍摄	俯拍	
4	铁盒平放，拍摄罐子顶部	—	2	特写	固定拍摄	俯拍	
5	手掀开杯盖	—	2	近景	固定拍摄	平拍	展示泡茶的过程
6	茶叶装在茶匙里	翠绿的茶叶，优质选品	2	特写	固定拍摄	平拍	
7	手拿竹签，将茶叶从茶匙上捣下		4	特写	下→上移动拍摄	仰拍→俯拍	
8	茶叶落入杯中（拍摄透明玻璃杯）		4	特写	左→右摇镜拍摄	平拍	
9	手拿竹签，将茶叶从茶匙上捣下，茶叶落入白色瓷杯中(展示另一种泡茶的方式)		3	特写	上→下移动拍摄	平拍	
10	手握茶壶倒水进入白瓷茶杯中	—	5	近景→特写	推镜（由近到特写）	平拍	
11	水进入杯中时，茶叶的状态（透明玻璃杯）	透彻的茶水，无杂质	5	特写	固定拍摄	平拍	
12	已经泡开的茶叶在透明玻璃杯中的状态		3	特写	固定拍摄	平拍	
13	手握玻璃茶壶，将装着干净的茶水倒入透明玻璃杯中（体现茶水的透彻）		3	特写	固定拍摄	平拍	
14~15	手拿起白色瓷杯（里面装了茶水）	—	4	特写	下→上移动拍摄	平拍	展示喝茶的过程
	模特左手拿起白色瓷杯，右手拿起杯盖轻轻抚杯几下	—	4	特写→近景	拉镜	平拍	
16	铁盒/茶壶/一杯茶，整体展示	—	5	近景	固定拍摄	平拍	
合计			57				

同步实训

一品茶旗舰店计划为龙井茶策划一个知识分享类 30 ~ 40 秒的短视频，该短视频将会投放到抖音平台运营，请你为该龙井茶撰写知识分享类短视频分镜头脚本。

目标人群分析： 产品卖点分析： 前 3 秒策划： 短视频的大致框架： 撰写短视频分镜头脚本：

续表

镜号	画面内容	视频时长（s）	景别	拍摄方式	拍摄角度	字幕	备注

情境考核

龙井茶情景剧类（工夫茶的展示过程）短视频脚本撰写

1. 考核目的

通过对本情境的学习，基本掌握了商品展示类、知识分享类短视频的脚本撰写，本考核主要练习情景剧类短视频的脚本撰写。

2. 考核准备

（1）组队：以小组为单位，4 ~ 6 人一组，并选出一名组长，分配好组员的工作。

（2）用具：根据脚本需求准备。

3. 考核任务

一品茶旗舰店计划为龙井茶策划一个情景剧类（工夫茶的展示过程）30 ~ 40 秒的短视频，该短视频将会投放到抖音平台运营，请你为该龙井茶情景剧短视频撰写分镜头脚本。

4. 任务步骤

（1）该任务目标人群是哪些人群？

（2）产品从自身和竞品分析有哪些卖点？

（3）前 3 秒用什么方式吸引观看者？

（4）短视频的大致框架是什么？

（5）撰写短视频分镜头脚本。

5. 任务实施

目标人群分析：

产品卖点分析：

前 3 秒策划：

短视频的大致框架：

撰写短视频分镜头脚本：

镜号	画面内容	视频时长（s）	景别	拍摄方式	拍摄角度	字幕	备注

6. 考核评价

1. 作品评价（50 分）					
评价指标	分数	评价说明	自我评价	小组评价	教师评价
目标人群分析	5 分	明确目标人群的喜好、主流需求			
产品卖点分析	5 分	从自身产品及竞品进行卖点解析			
前 3 秒策划	5 分	短视频前 3 秒激发观看者兴趣，吸引观看者继续观看			
短视频的大致框架	5 分	框架思路清晰明了，主题突出			
短视频分镜头脚本	30 分	脚本撰写详细，可拍摄性强			
2. 完成态度（30 分）					
职业技能	10 分	符合工作需求，能够拓展相关知识，并通过新颖独特的形式加以展示			
工作心态	10 分	抱有信心，努力做好工作，能完成工作			
完成效率	10 分	在规定时间内按质按量地完成分配的任务			
3. 团队合作（20 分）					
沟通分析	10 分	主动提问题，快捷有效地明确任务需求			
团队配合	10 分	快速地协助相关同学进行工作			
计分					
总分（按自我评价 30%、小组评价 30%、教师评价 40% 计算）					

短视频拍摄

情境导入

通过情境二的学习，完成了短视频的策划，接下来需要根据策划的龙井茶分镜头脚本进行拍摄。茶叶属于食品类商品，食品的安全性和品质是最受消费者关注的，商品视频最好能展示商品品质。此外，食品类商品需要有较强的亲和力，贴近消费者的日常生活，因此选择在室内场景进行拍摄。

学习目标

知识目标

能够清楚描述拍摄短视频使用的手机拍摄参数设置；

能描述怎样结合构图知识、富有美感地摆放商品；

能够描述商品拍摄的灯光布置。

技能目标

能正确对商品进行构图拍摄；

能布置商品拍摄的背景和灯光；

能合理设置手机摄像机参数，拍出商品的质感。

思政目标

培养与客户沟通的能力，能够根据客户要求进行商品拍摄，具有服务客户的意识；

培养守信、守时的良好品质。

知识探究

在拍摄短视频的时候，除了要考虑脚本的指导性和统领全局性，还要考虑拍摄工具、拍摄技巧，以及合理地设计景别、光线的位置、镜头的运动方式、构图的方式等。

一、短视频常用的拍摄工具

“工欲善其事，必先利其器。”在拍摄短视频前，需要挑选适合我们拍摄的工具。当然，不同的团队规模、预算有着不同的选择。

（一）常用的拍摄设备

生活中，常用的短视频拍摄设备有手机、单反相机等。

1. 手机

手机是最常见的拍摄工具，它的优势特别多。

（1）方便携带。

（2）拥有美颜功能和在线道具功能。

（3）超强的续航能力。

当然，和专业设备比较，手机也存在很多不足。

（1）首先，镜头的能力比较弱。手机的镜头分辨率相对于专业设备比较低，现在的手机大部分采用的是数码变焦，它会把远方的物体放大，当拍摄者移动手机取景时，图像的质量较差。

（2）其次，成像的质量较差。手机会受到价格、体积等方面因素的制约，质量好的手机，摄像头成像质量非常好，但价格昂贵；质量差的手机，拍摄出来的短视频画面在放大以后可能会变得模糊不清，色彩还原度也不高。

（3）最后，手机的摄像头光线和稳定性不高。在室内或者是晚上拍摄时，手机镜头会出现模糊不清的情况。

几款常见的拍短视频的手机，如图 3-1 所示。

图 3–1　常见的手机

2. 单反相机

单反相机全称为单镜头反光相机，是指光线通过单镜头照射到反光镜上，通过反光实现取景的相机。使用单反相机拍摄出来的画面，更加清晰。单反相机镜头的款式非常多，从用途分类，可分为超广角镜头、广角镜头、标准镜头、中长焦镜头、远摄镜头、微距镜头、移轴镜头、鱼眼镜头、增距镜等；从画幅分类，可分为 APS 画幅、全画幅、4/3 系统、120、中画幅、大画幅等。

新手在选择单反相机时，如果没有太高的要求，可以选择套机，一般套机配的都是 18 ~ 55mm 的镜头。我们可以从熟悉相机的操作开始，逐步掌握一定技术并明确拍摄题材。

常见的单反相机，如图 3–2 所示。

图 3–2　常见的单反相机

（二）常见的灯光设备

在短视频拍摄的过程中，灯光设备的选择也是拍摄的基本要素。拍摄中常见的灯光设备主要有伞灯、柔光灯。

1. 伞灯

伞灯就是像伞一样的灯（见图 3-3），它主要是将不同质地和规格的反光伞装在闪光灯上，拍摄时使拍摄物受光面积变大，拍出的物体光线柔和。

2. 柔光灯

柔光灯是指在闪光灯上加上柔光罩（见图 3-4）。柔光灯不同于其他直射光，它是将光照在柔光罩上，投射扩散使照明均匀，光线柔和，具有良好的层次表现。

图 3-3　伞灯

图 3-4　柔光灯

（三）拍摄常见的辅助器材

在拍摄短视频的时候，还需用一些辅助器材，如三脚架、稳定器、滑轨、话筒、摇臂等。

1. 三脚架

三脚架在创作短视频时是一个必不可少的辅助器材，它可以起到防抖、稳定画面的作用，避免出现画面模糊。三脚架的种类非常多（见图 3-5），需要根据不同场景选择合适的三脚架。

在拍摄短视频的时候，画面的比例要求不同，有的要求横拍，有的要求竖拍，这时使用三脚架可以更好地解决这个问题。使用三脚架，可以大大提高拍摄效率。

图 3-5 三脚架

2. 稳定器

（1）稳定器的分类。

稳定器是一种拍摄视频时可以让画面稳定的辅助设备，分为手机稳定器和相机稳定器。在我们拍摄运动物体的时候，经常会发现画面晃动不止，例如拍摄人物奔跑画面、打篮球等户外运动画面时，由于人物的运动速度很快，摄影器材往往需要与被拍摄物体同步运动，导致器材上下晃动，便会出现画面模糊。此时，使用稳定器拍摄，便能一定程度上解决以上问题。

稳定器的内部设有强大的电子稳定系统，能计算出运动中的晃动方向和距离，然后施以反向运动来抵消运动过程中的抖动，这样拍摄出来的主题就会稳定，画面清晰。市面上常见的稳定器主要分为两种：一种是手机稳定器（见图 3-6），另一种是相机稳定器（见图 3-7）。

图 3-6 手机稳定器

图 3-7 相机稳定器

（2）稳定器的安装。

微课：稳定器的安装

智云云鹤 M2 稳定器是一款多功能稳定器，可以搭载微单、运动相机以及手机使用，同时智云云鹤 M2 的机身也比较简洁且功能多样，能满足多种需求。下面以智云云鹤 M2 为例介绍使用手机拍摄时的稳定器安装。

1）拿起手机夹（手机夹有两个 1/4 螺孔，较浅的螺孔在安装稳定器时使用；较深的螺孔在安装三脚架时使用），将手机安装在手机夹上。

2）取出快装板（快装板的长槽用于固定微单、手机；短槽则用于固定卡片机），将手机夹安装在快装板上，并锁紧底部的 1/4 螺钉。

3）将稳定器航向轴的开关解锁，进行平衡调节。稳定器需要调节三个轴的平衡，分别是俯仰轴、横滚轴、航向轴，如图 3-8 所示。

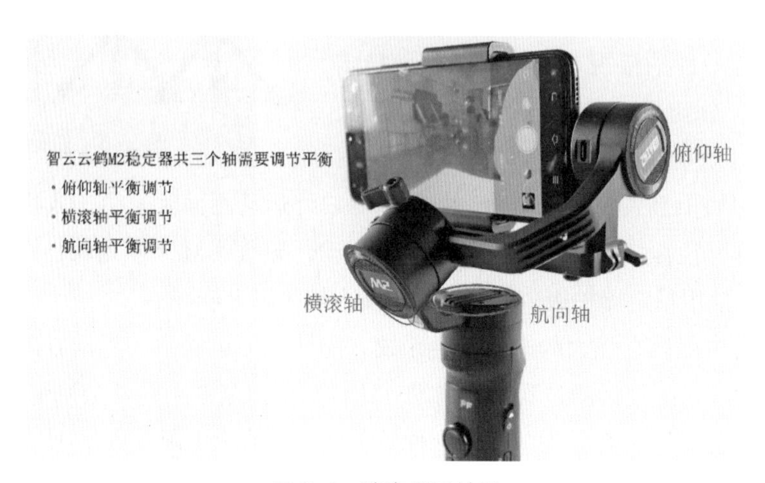

图 3-8 稳定器三轴图

4）将快装板底部 1/4 螺钉稍微拧松，推动手机前后移动，直至手机静止时，能与地面保持水平状态，即可锁紧螺钉。

5）将手机镜头向上，稍微拧松俯仰螺钉，推动手机前后移动，直到手机静止时，与地面保持垂直状态，即可锁紧螺钉。

6）俯仰轴调节完毕后，松开快装板锁紧螺钉，将快装板向俯仰轴方向移动，使手机紧贴电机，方便下一次的快速安装调平。

7）拧松横滚轴定位螺钉，再拧松横滚轴锁紧螺钉，左右拉动横滚轴轴壁，直到水平方向的轴壁能与地面保持水平后，锁紧螺钉。

8）拧紧定位螺钉，顶住横滚轴电机，方便下一次的快速安装调平。

9）稍微拧松航向轴紧锁螺钉，用手指固定横滚轴，将竖臂前后移动，直到竖臂静止时，能与地面保持水平状态，即可拧紧螺钉。

10）至此完成三轴调平，向上推动 2 秒以上即可启动稳定器。

（3）稳定器的按键。

智云云鹤 M2 的操控区域简洁明了，机身上可见稳定器开关、MENU（菜单功能）（见图 3-9）、摇杆、录制按键、拍摄模式按键（见图 3-10）、充电接口、远近调节（见图 3-11）、航向轴开关（见图 3-12）等。

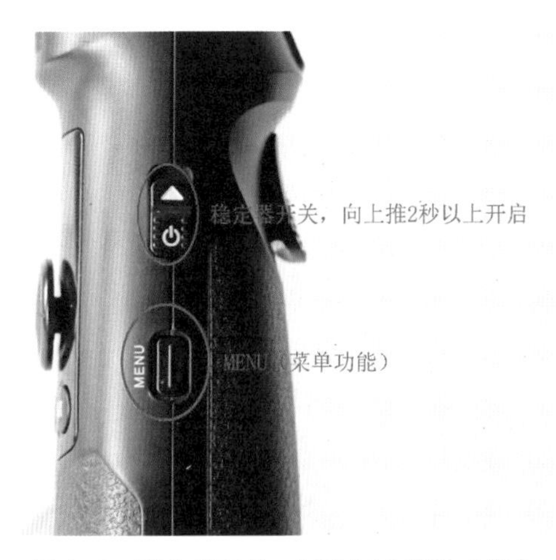

图 3-9　稳定器开关、MENU（菜单功能）

图 3-10　摇杆、录制按键、拍摄模式按键

图 3-11　充电接口、远近调节

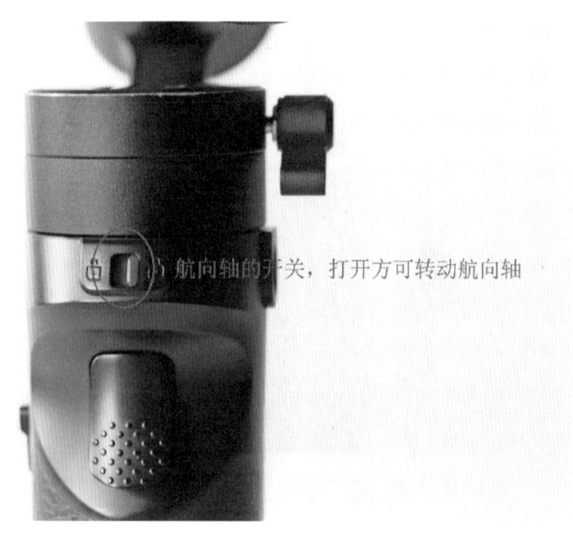

图 3–12　航向轴开关

（4）稳定器的模式。

在智云云鹤 M2 稳定器中，“M”键作为拍摄模式按键，比较特殊，下面具体介绍。切换“M”键，便可看到上方显示：PF（左右跟随模式）、L（全锁定模式）、POV（第一视角模式）。

1）PF 左右跟随模式。

微课：PF 模式拍摄效果

转动手柄，手机跟随稳定器左右转动，可以通过摇杆改变手机的拍摄角度。值得注意的是，转动身体无法让手机跟随转动，需要转动手柄才可以。

PF 模式适合拍摄以某一固定物体为圆心的环绕镜头，让物体始终处于画面中心。

2）L 全锁定模式。

微课：L 模式拍摄效果

稳定器的三个轴全部锁定角度，不管拍摄者进行哪个方向的运动，手机始终朝向一个角度，拍摄者只能通过摇杆改变手机的拍摄角度。

L 模式适合拍摄某一固定角度拍摄的长镜头，在三个轴锁定的情况下，最大限度保证拍摄画面不会出现角度偏移。

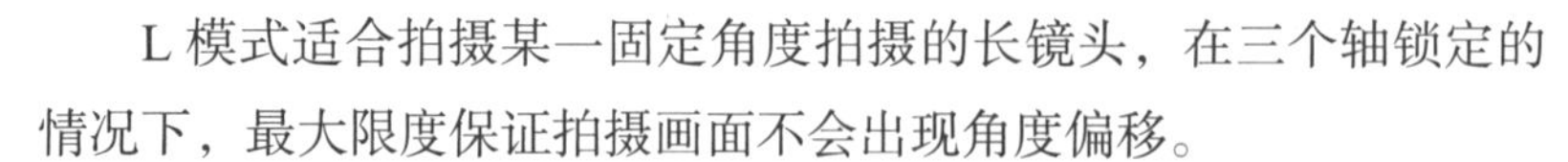

3）POV 第一视角模式。

微课：POV 模式拍摄效果

三个轴全部跟随手柄转动，拍摄者可以通过摇杆改变航向轴与俯仰轴的拍摄角度。POV 模式适合拍摄构图相对自由、翻转镜头等，如同摄影师第一视角的跟随拍摄。

（5）稳定器的使用技巧及练习。

1）稳定器的正确使用。

· 手部的正确握姿。

图 3-13　手握稳定器

拍摄者在使用稳定器时，右手自然握着稳定器的把柄，左手辅助地握着把柄末端，这样才能达到最佳的稳定状态（见图 3-13）。在非特殊情况下，切忌使用单手拍摄。

· 脚部的正确行姿。

拍摄者握好稳定器，接下来便是脚步的训练。新手往往忽略脚步的重要性，在拍摄过程中跟往常一样大步行走，这样的拍摄效果是抖动非常厉害的；又或者脚步不连贯，忽快忽慢，没有匀速行走，导致画面不连贯。正确的脚部行姿应该是：双膝弯曲，步伐棉柔，脚步快速，碎步往前（见图 3-14）。

图 3-14　脚部行姿

综上，拍摄者使用稳定器需注意手部和脚部的协调，加以整个身体的配合，才能拍摄出最佳效果。

2）稳定器的练习方法。

微课：稳定器使用的正确姿态

下面介绍三个稳定器的练习方法。

直线练习：以一条白色绳子作为练习参考，让相机镜头一直跟踪这条绳子，保持整个摄像机不发生大的横向位移，主要练习相机正面平行直线和侧面平行直线、后面平行直线三种操作方法。

圆圈练习：在三脚架上面放一件物品，让镜头紧盯着这件物品旋转，直至你能自如地跟踪拍摄为止。

复杂曲线练习：这个练习是建立在前面两种练习已扎实的基础之上，训练者可以根据自己拍摄的需要，进行自由的练习。

根据老师提供的一件物品，运用直线、圆圈、复杂曲线三种使用稳定器的方式来拍摄出不同的效果，并讨论分析稳定器使用时需要注意的事项。

3. 滑轨

滑轨就是可以让相机滑行的轨道。在拍摄人物或物品时，由于人物或者物品不移动，长时间呈现的固定画面会显得很死板，为了达到动态的效果，就可以使用滑轨。如图 3–15 所示，滑轨可以让拍摄器材进行平移、前推和后推等操作。镜头的前推，就顺势营造出一种接近目标的感觉，镜头的后推也可以营造出一种娓娓道来的感觉，给观众以代入感，也使拍摄的视频看起来更加流畅。

图 3–15　滑轨

4. 话筒

话筒一般分为有线话筒和无线话筒，有线话筒一般直接通过音频线连接在拍摄的设备上，它可以降低周边的噪声。有线话筒一般用在室内拍摄短视频时或者人物访谈时，它不受电池的影响，只要拍摄的设备还有电，就可以录制音频。但有线话筒会受到距离限制，这个时候我们就可以使用无线话筒。无线话筒虽然不受距离限制，但是会受到电池限制，所以在拍摄的时候，如果确定用无线话筒，一定要充好电。另外，我们在使用话筒时，最好给话筒戴上防风套，这样可以避免风噪。

5. 摇臂

拍摄电影的时候会见到摇臂，如图 3-16 所示。摇臂可以极大地丰富镜头语言，增加镜头画面的动感和多元化。摇臂可以使我们拍摄到平时不能捕捉的镜头，但是摇臂价格相对昂贵，在选择的时候需量力而行。

图 3-16　摇臂

二、光线位置的设计与运用

（一）光线位置

光线位置即光位（见图 3-17），是光源相对于被拍摄主体的位置，也就是光线的方向与角度。同一被拍摄主体在不同的光位下会产生不同的明暗造型效果。光位主要分为顺光、侧顺光、侧光、侧逆光、逆光等。

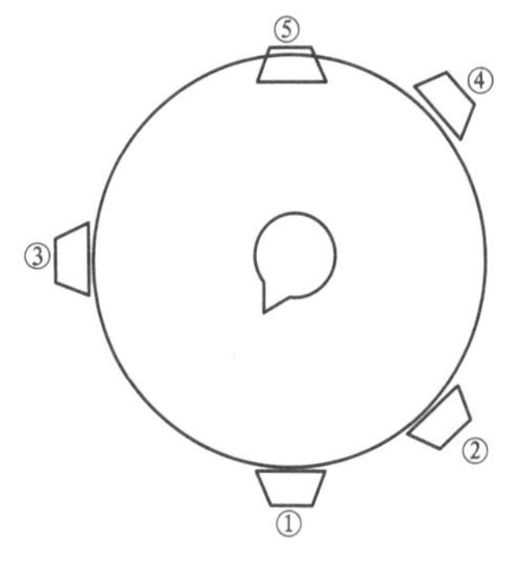

图 3-17　光线方位图

1. 顺光

顺光，亦称“正面光”，即光源投射方向跟相机拍摄方向一致的照明（见图 3-18）。顺光时，商品受到均匀的照明，商品的阴影被自身遮挡，影调比较柔和，能隐没商品表面的凹凸及褶皱，很好地体现商品固有的色彩效果，但处理不当画面会显得比较平淡（见图 3-19）。顺光的空间立体效果较差，在色调对比和反差上也不如侧光、侧逆光丰富，往往把较暗的顺光用作辅光或者造型光。

图 3-18　顺光布光图

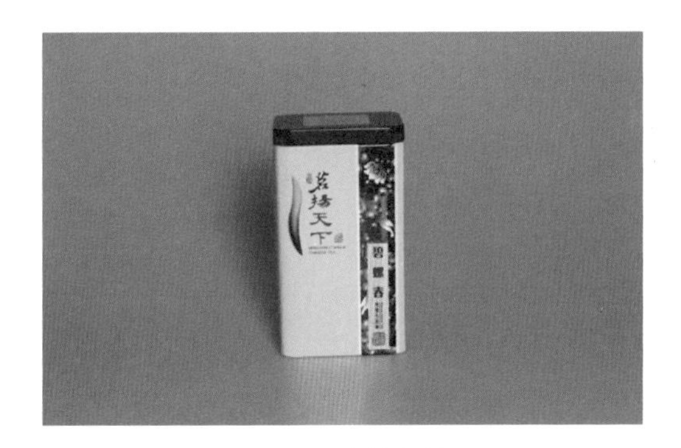

图 3-19　顺光拍摄效果图

2. 侧顺光

侧顺光亦称前侧光，即光源投射方向在相机的左右两边，与相机拍摄方向成水平 45 度左右时的摄影照明（见图 3–20）。在商品拍摄中，这种光源照明能使商品产生明暗变化，很好地表现出商品的立体感，并能丰富画面的阴暗层次，起到很好的造型作用（见图 3–21）。

图 3–20　左前侧顺光布光图

图 3–21　左前侧顺光拍摄效果图

3. 侧光

侧光是光源投射方向在相机的左右两边，与相机拍摄方向成水平 90 度左右时的摄影照明（见图 3–22）。受侧光照明的物体，有明显的阴暗面和投影，对商品的立体形状和质感有较强的表现力（见图 3–23）。缺点是，往往形成一半明一半暗的过于折中的影调和层次，这就要求在构图上考虑受光面和阴影在构图上的比例关系。

图 3–22　右侧光布光图

图 3–23　右侧光拍摄效果图

4. 侧逆光

侧逆光亦称反侧光、后侧光，是光源投射方向在相机的斜前方（左前方或者右前方），与相机拍摄方向成水平 135 度左右时的摄影照明（见图 3–24）。侧逆光照明的商品，大部分处在阴影之中，商品被照明的一侧往往有一条亮轮廓，能较好地表现商品的轮廓和立体感（见图 3–25）。利用侧逆光进行商品近景和特写时，一般要对商品做辅助照明，以免正面太暗，但对辅助照明光源的亮度要加以控制，使之不影响侧逆光自然照明的效果。

图 3-24　右侧逆光布光图

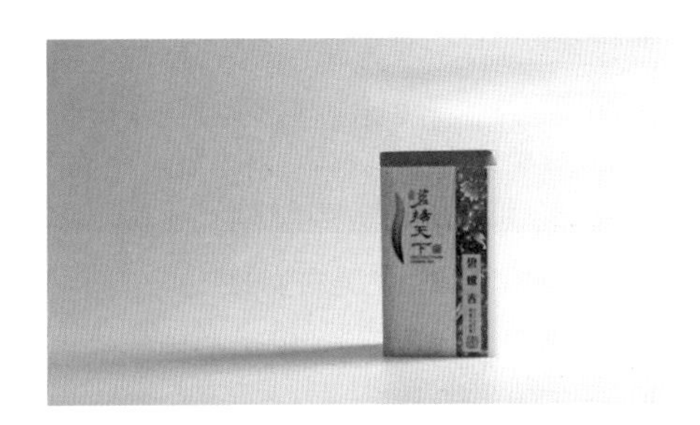

图 3-25　右侧逆光拍摄效果图

5. 逆光

逆光亦称背面光，光源投射方向在被摄物的后方，正对着相机的拍摄方向（见图 3-26）。逆光有正逆光、侧逆光、顶逆光三种形式。在逆光照明条件下，商品大部分处在阴影之中，只有轮廓，故逆光常被用作轮廓光。采用这种光源，可使画面获得丰富的层次（见图 3-27）。

图 3-26　逆光布光图

图 3-27　逆光拍摄效果图

（二）光型的运用

1. 主光

主光是商品拍摄的主要照明光线，它对物体的形态、轮廓和质感的表现起主导作用（见图 3-28）。拍摄时，一旦确定了主光，画面的基础照明及基调就得以确定（见图 3-29）。需要注意的是，对一件商品来说，主光只能有一个，若同时将几个光源作主光，商品要么受光均等，分不出什么是主光，画面显得平淡；要么几个主光同时在商品上产生阴影，画面显得杂乱无章。顺光、侧光、侧逆光都可以作为主光。

图 3-28 主光布光图

图 3-29 主光拍摄效果图

2. 辅光

辅光的主要作用是提高主光所产生阴影部位的亮度，使阴暗部位呈现出一定的质感和层次，同时减小影像反差。在辅光的运用上，应注意，辅光的强度应小于主光的强度，否则，就会造成喧宾夺主的效果，并且容易在商品上出现明显的辅光投影，即“夹光”现象。辅光通常位于或邻近相机中轴线的位置，高度大概和照相机一样，放置在与主灯相对的一侧（见图 3-30）。运用主光和辅光拍摄的效果如图 3-31 所示。

图 3-30 主光 + 辅光布光图

图 3-31 主光 + 辅光拍摄效果图

3. 轮廓光

轮廓光是用来勾画商品轮廓的光线，赋予商品立体感和空间感。逆光和侧逆光常用作轮廓光，轮廓光的强度往往高于主光的强度（见图 3-32）。深暗的背景有助于突出轮廓光。运用主光、辅光、轮廓光拍摄的效果如图 3-33 所示。

图 3-32 主光 + 辅光 + 轮廓光布光图

图 3-33 主光 + 辅光 + 轮廓光拍摄效果图

（三）布光的基本规律

布光应该注重使用光线的先后顺序，首先要把握的是主光的运用。因为主光是所有光线中占主导地位的光线，是塑造拍摄主体的主要光线。当主光作用在主体上后，位置就不应该轻易移动了，然后利用辅光调整画面上由于主体的作用而形成的反差，要适当掌握主光与辅光之间的光比情况。光比通常是指主光与辅光的差别。光比大，物体的反差就大，有利于表现边缘硬朗的物体；光比小，物体的反差就小，有利于表现柔和的效果。

通常情况下，主光和辅光的强弱与商品的距离决定了光比的大小，所以，拍摄时调节光比的方式有以下两种：

（1）调节主光与辅光的强度。加强主光强度或减弱辅光强度会使光比变大；反之，减弱主光强度或加强辅光强度会使光比变小。

（2）调节主灯、辅灯至商品的距离。缩小主灯与商品的距离或加大辅灯与商品的距离都会使光比变大；反之，加大主灯与商品的距离或缩小辅灯与商品的距离会使光比变小。除此之外，还可以利用反光板或者闪光灯对暗部进行补光，以此来调整物体的光比，使物体产生柔和的明暗过渡。

辅光的位置一般在照相机附近，灯光离相机越近商品的饱和度越高。

确定辅光以后，根据需要来考虑轮廓光的使用，有些商品不用轮廓光也有很好的效果。轮廓光的位置一般都是在商品的左后侧或右后侧，使用轮廓光的时候要注意避免光线射到镜头表面，以免产生眩光。

全部所需光线部署好以后，再检查一下商品上的光线，做一些必要的细微调整。

准备一件商品和若干灯具，运用不同光位布置灯光拍出若干商品视频，挑选出每种光线方向下拍得比较好的视频素材。熟悉各个方向光线的拍摄技巧，并讨论分析在拍摄时光线运用需要注意的事项。

三、镜头的运动方式

镜头是视频拍摄的基本组成单位，镜头的运用，即运镜。短视频中常见的运镜有固定镜头、推镜头、拉镜头、摇镜头、移镜头、升降镜头、旋转镜头等，如表 3–1 所示。

表 3-1　常见的运镜

拍摄方式	拍摄方法	演示
推镜头	摄影机对着被摄对象从远到近，向前推近逐渐靠近拍摄主体进行拍摄，镜头向前推进使物体由小变大，周边环境逐渐向后运动消失。拍摄者需要在运镜前思考清楚，明确拍摄主体，同时注意随时调整画面焦点	微课：推镜头拍摄
拉镜头	摄影机对着被摄对象从近到远，往后拉逐渐远离拍摄主体，物体由大变小，运动方向与“推”相反。“拉”使拍摄焦点从某个物体逐渐过渡到整体场景	微课：拉镜头拍摄
摇镜头	摄像机原位不动，镜头左右或上下移动，从被摄主体的一个部位向另一个部位拍摄。摇镜头一般运用在镜头的切换上，拍摄者快速摇动镜头，转移到下一镜头	微课：摇镜头拍摄
甩镜头	拍摄者拍摄一个画面后不停机，将镜头急速“摇转”向另一个方向，从而将镜头的画面改变为另一个内容，以达到更动感和具有冲击力的画面，同时，可以实现更好的转场效果。甩镜头通常在镜头切换或者场景激烈的情况下使用	微课：甩镜头拍摄
移镜头	移镜头指的是平移镜头，即镜头在运动过程中保持与被拍摄物平行，为了得到更好的效果，也可以配合轨道使用，便于场景拍摄跨度大的镜头。移镜头与摇镜头不同的是，镜头和摄像机同步向前运动，而摇镜头时摄像机本身是不产生向前运动的	微课：移镜头拍摄
跟镜头	跟镜头指的是跟随、跟踪，镜头从始至终不离开跟踪运动着的拍摄主体，主要分为前跟、侧跟、后跟等不同方向跟随拍摄	微课：跟镜头拍摄
升镜头	升镜头是镜头从下往上运动拍摄主体，通常在近距离拍摄主体，展示细节时运用	微课：升镜头拍摄

续表

拍摄方式	拍摄方法	演示
降镜头	降镜头是镜头从上往下（降）运动拍摄主体，通常在近距离拍摄主体，展示细节时运用	微课：降镜头拍摄
旋转镜头	这里的旋转分为两种情况：一是摄像机旋转拍摄，使画面呈现逆时针或顺时针的旋转态势；一是拍摄主体在镜头中心不动，摄像机围绕拍摄主体环绕拍摄	微课：旋转镜头拍摄
环绕镜头	拍摄主体位于中心，镜头围绕拍摄主体进行环绕拍摄	微课：环绕镜头拍摄
固定镜头	固定镜头是一种很常用的拍摄方式，只需将摄像机固定，对着物体拍摄即可。画面的景别、拍摄角度、透视关系等基本不变，只有拍摄的内容在运动或变化 固定镜头是静态拍摄，导致拍摄内容相对单调，所以在实际应用中，不宜过多运用，需根据拍摄内容而定	微课：固定镜头拍摄

小任务

准备一件商品，运用不同的运镜方式来展示商品，挑选出拍得比较好的视频素材进行展示。熟悉各种运镜方式的拍摄技巧，并讨论分析各种运镜方式拍摄需要注意的事项。

四、取景的构图方式设计

取景的构图方式是短视频的重要内容，即拍摄者利用取景的光线进行主体的突出和搭配，起到突出主体、聚焦视线的作用。常用的短视频画面构图方式有以下几种。

（一）垂直线构图

垂直线构图给人稳定、平衡的视觉感受，不仅能够表现单一的竖线物体，而且同时表现多条竖线物体时，画面更具有冲击力。

垂直线构图一般适合表现垂直高耸的物体，比如家居、建筑、材料等。在表现商品时，多数将商品竖直摆放并且对准商品平直拍摄，如图 3-34 所示。

图 3-34　垂直线构图拍摄

（二）水平线构图

水平线构图是保持地平线水平的一种构图方式。水平线构图通常结合横画幅取景，整个画面表现出稳定、平和、安静的气氛。水平线构图适用于表现线条、波浪、水平等题材的拍摄。拍摄商品时，商品都是水平放置在拍摄台上，这样的构图给人一种简单整洁的感觉，如图 3-35 所示。

图 3-35　水平线构图拍摄

（三）对角线构图

对角线构图通常将主体安排在对角线上，有效利用画面对角线的长度，突出立体感、延伸感和运动感，产生线条的汇聚趋势，达到突出主体的效果。

拍摄时可以适当倾斜相机的角度，表现被摄物的线条特点。要注意的是对角线构图并不只是单纯的直线对角线，只要是有对角线走向的构图就可以被称作对角线构图，如图 3-36 所示。

图 3–36　对角线构图拍摄

（四）曲线构图

曲线构图具有韵律感，使画面具有一种延伸、变化的特点，让人感觉雅致、协调、有节奏，如图 3–37 所示。

图 3–37　曲线构图拍摄

（五）三角形构图

三角形构图具有稳定、均衡、灵活等特点。三角形可以是正三角形、倒三角形或斜三角形。其中，斜三角形最常用，因为它更灵动，充满了趣味与活力。

三角形构图适用于表现具有三角形特点的主体，主要用于拍摄块状、不规则等物品，突出画面下侧的重量感，赋予画面更加稳重的效果，如图 3–38 所示。

（六）黄金分割构图

黄金分割构图是摄影学中最重要的构图法则，其他许多构图方式都是由黄金构图法则演变或简化而来的。黄金分割点是一个完美的比例关系，在取景构图中如果使用黄金分割法来安排画面中的元素，则使人感受到和谐的美感。

完成黄金分割点的方法是从画框的一个角向另一个角画一条对角线，再从剩下的一个角向这条对角线画一条与之相交的垂直线。垂直线与对角线交叉的点，即垂足，就是黄金分割点。黄金分割构图拍摄示例，如图 3-39 所示。

图 3-38　三角形构图拍摄

图 3-39　黄金分割构图拍摄

（七）三分法构图

三分法构图是黄金分割构图的一种衍生，是指把画面横向或竖向平分为三份，被摄主体或主体边缘通常位于三分线上的一种构图方式。这种构图方式通常为水平或者竖直的形态，具有构图简练的优点。商品拍摄里面常利用三分法则来安排前、中、后景，如图 3-40 所示。

图 3-40　三分法构图拍摄

（八）九宫格构图

九宫格构图又叫井字形构图，是黄金分割构图方式的一种演变。就是用横向和竖向各两条线把画面平均分成九块，中心块上四个角的点就是画面的黄金分割点，用任意一点的位置来安排被摄主体都会让画面更完美。这四个点也给人不同的视觉感应，通常上方两点的动感比下方强，左边的点又比右边强。尽量把商品放置在竖线上，减少画面的繁重感，如图 3-41 所示。

图 3-41　九宫格构图拍摄

五、商品的摆放

商品的摆放是一种陈列艺术，同样的商品使用不同的造型和摆放方式会带来不同的视觉效果。

（一）调整商品的摆放角度

充分利用所在的拍摄空间，巧妙调整商品的摆放角度，拍摄出更吸引人的商品图片，如图 3-42 所示。

（二）商品外形的二次设计

商品的外部形态是固定，但我们可以利用想象力，对某些商品的外形进行二次设计，使之呈现出一种独有的设计感和美感，如图 3-43 所示。

图 3-42　垂直悬拍方式拍摄

图 3-43　商品外形二次设计拍摄

（三）同类商品的陈列

单个商品的拍摄很简单，摄影对象只有一个。但在多件商品的拍摄中，需要对商品进行合理的陈列设计，如图 3-44 所示。

图 3-44　同类商品陈列拍摄

（四）陪衬商品的摆放

现在消费者的眼光越来越挑剔了，商品的摆放往往要传递一种悠闲的生活节奏、小资情调才能满足大多数消费者的要求，如图 3-45 所示。

（五）摆放的疏密和序列感

摆放多件商品时最难的是兼顾造型的美感和构图的合理性，因为画面上内容多就容易显得杂乱，此时，采用有序列感和疏密相间的摆放就能很好地兼顾这两点，使画面显得饱满、丰富，而又不失节奏感和韵律感，如图 3-46 所示。

图 3-45　陪衬商品摆放拍摄

图 3-46　疏密感摆放拍摄

（六）表里一致蕴含的商品价值

消费者除了看商品的外部形态，还希望看商品的内部结构，适当地展示商品的内部构造可以有效地消除消费者的担忧，如图 3-47 所示。

图 3-47　展示骨瓷碗通透性的拍摄

小任务

准备一件商品，运用不同的摆放方法及取景构图方式来展示商品，挑选出拍得比较好的视频素材进行展示。熟悉各种构图方式的拍摄技巧，并讨论分析各种构图方式拍摄需要注意的事项。

任务分析

小组讨论：

1. 拍摄前期需要哪些准备工作？
2. 拍摄的主体是什么？
3. 拍摄的环境是什么？
4. 拍摄的景别是什么？
5. 从什么角度进行拍摄？
6. 如何布光？
7. 运镜方式是什么？
8. 如何构图？
9. 如何更好地突出拍摄重点？

任务决策

序号	任务分解	决策	执行人
1	拍摄设备准备	手机、灯光、稳定器	小明
2	拍摄场地布置	茶艺室布置	小花
3	灯光布置	柔光灯摆放、调节	小东
4	确定拍摄方式	结合稳定器运动拍摄	小华
5	产品展示	包装展示、泡茶过程展示	小李

任务实施

短视频拍摄主要包括前期准备和拍摄实施，在前期准备中我们要根据商品卖点和要求布置拍摄场景，挑选拍摄设备和道具，确定布光方案；在实施过程中，我们还要熟悉手机或者相机的参数调节，熟练运用拍摄方式、角度、景别展示商品的卖点，达到客户的要求。

一、短视频拍摄准备

布光：左右侧大概 45 度各放一盏柔光灯，通过这种方式将光线反射到商品，展现商品细节。

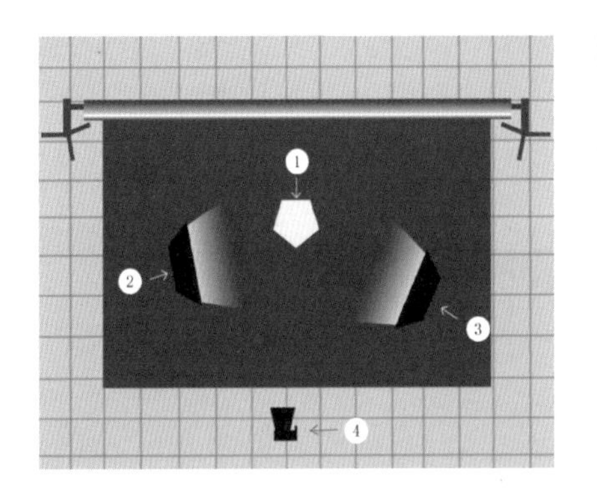

1. 拍摄主体——茶叶套装
2. 主光——柔光箱
3. 辅光——柔光箱
4. 相机拍摄方向

为了展现茶杯、茶叶罐、托盘等茶具的细节色彩和质感，采用柔光箱柔化光线，使茶具能够获得均匀的光照。放置两个柔光箱，分别作为主光和辅光，主光略亮，辅光略暗，营造更加立体的光影效果。

背景用带有笔墨的屏风，突出浓郁的中国风。

另外，需要注意拍摄的环境光影响，例如在本案例中的茶艺室里带有暖色的灯光，容易营造古色古香的氛围。

二、拍摄实操

拍摄手机参数参考：
1. 手机：小米 10
2. 镜头设置：白平衡 WB 自动，快门 S1/250，焦距 F50，感光度 ISO1250
3. 光源：100W 暖光灯泡，配柔光箱

拍摄准备就绪后，接下来按照拍摄脚本展开拍摄：

1. 镜号 1

为了让观众对商品有一个整体的印象，并且突出展示商品形象，在第一个镜头里要把商品的外观完整地呈现。

（1）拍摄设备：手机、稳定器。

（2）拍摄脚本：

镜号	画面内容	视频时长（s）	景别	拍摄方式	拍摄角度
1	整套茶具站立展示，重点突出“龙井茶”罐	5	近景	左→右移动拍摄	平拍

（3）拍摄方式：左右平移拍摄。

（4）拍摄角度：平拍。

（5）景别：近景。

拍摄时注意保持镜头与被摄物平行，根据拍摄效果可以适当微调拍摄角度，利用手机稳定器拍摄，获得稳定的视频画面。

2. 镜号 2

为更好地展示产品外观，需要结合一些辅助设备，在本镜头中就利用了旋转展台，将产品全方位展示出来，让观众对产品的外观有更准确的把握。同时利用从左往右移动的灯光增添一些动感，使得视频画面更加丰富。

（1）拍摄设备：手机、三脚架。

（2）拍摄脚本：

镜号	画面内容	视频时长（s）	景别	拍摄方式	拍摄角度
2	铁盒旋转站立（展示整体外观），在画面偏右侧，手机移动灯光照射	4	近景	固定拍摄	平拍

（3）拍摄方式：固定拍摄。

（4）拍摄角度：平拍。

（5）景别：近景。

3. 镜号 3

本镜头是固定拍摄，由于平放的铁盒不利于旋转展示，所以我们只需要先构图，后结合从左往右移动的灯光为视频添加动感即可。

（1）拍摄设备：手机、三脚架。

（2）拍摄脚本：

镜号	画面内容	视频时长（s）	景别	拍摄方式	拍摄角度
3	铁盒平放，拍摄Logo品牌	2	特写	固定拍摄	俯拍

（3）拍摄方式：固定拍摄。

（4）拍摄角度：俯拍。

（5）景别：特写。

4. 镜号 4

承接镜号 3，将镜头对准茶叶罐顶部的 Logo，灯光反向移动，从右到左，与上一个镜头对比有变化。

（1）拍摄设备：手机、三脚架。

（2）拍摄脚本：

镜号	画面内容	视频时长（s）	景别	拍摄方式	拍摄角度
4	铁盒平放，拍摄罐子顶部	2	特写	固定拍摄	俯拍

（3）拍摄方式：固定拍摄。

（4）拍摄角度：俯拍。

（5）景别：特写。

5. 镜号 5

为了展现茶叶品质，需要具体呈现泡茶的过程。本镜头捕捉一个拿起茶杯盖的动作，用固定镜头拍摄即可，画面包含完整的茶杯和手部动作，拍摄时需要注意演员动作的流畅性。

（1）拍摄设备：手机、三脚架。

（2）拍摄脚本：

镜号	画面内容	视频时长（s）	景别	拍摄方式	拍摄角度
5	手掀开杯盖	2	近景	固定拍摄	平拍

（3）拍摄方式：固定拍摄。

（4）拍摄角度：平拍。

（5）景别：近景。

拍摄时注意镜头与被摄物平行，可以适当微调拍摄角度，模特拿起茶杯的手势要优美缓慢，保持画面美感。

6. 镜号 6

为了展示茶叶的具体品质，本镜头将茶罐里面的茶叶倒出，放在木质的茶匙中，突出茶叶的绿色光泽、细长形态。本镜头是固定拍摄，运用了从模糊到清晰的变焦方法，使得视频画面更有美感。

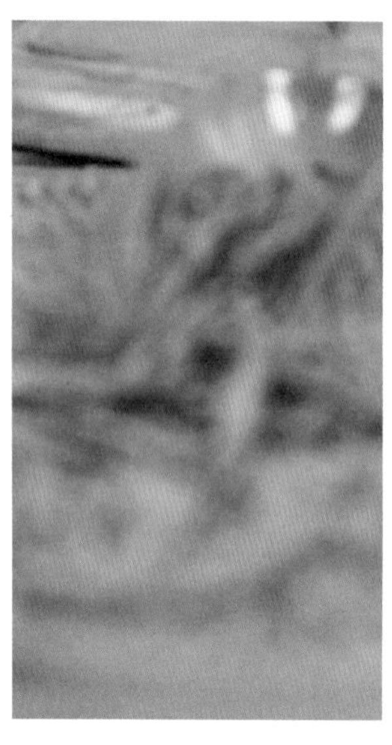

（1）拍摄设备：手机、三脚架。

（2）拍摄脚本：

镜号	画面内容	视频时长（s）	景别	拍摄方式	拍摄角度
6	茶叶装在茶匙里	2	特写	固定拍摄	平拍

（3）拍摄方式：固定拍摄。

（4）拍摄角度：平拍。

（5）景别：特写。

拍摄时注意镜头与被摄物平行，可以适当微调拍摄角度，茶叶散落摆放，乱中有序，充满镜头画面。结合变焦的方式，从模糊到清晰逐层展示茶叶纹理，引人入胜。

7. 镜号 7

承接上一个镜头，展示茶叶从茶匙中倒出的情景，利用稳定器从下到上稍稍移动手机，增加动感。

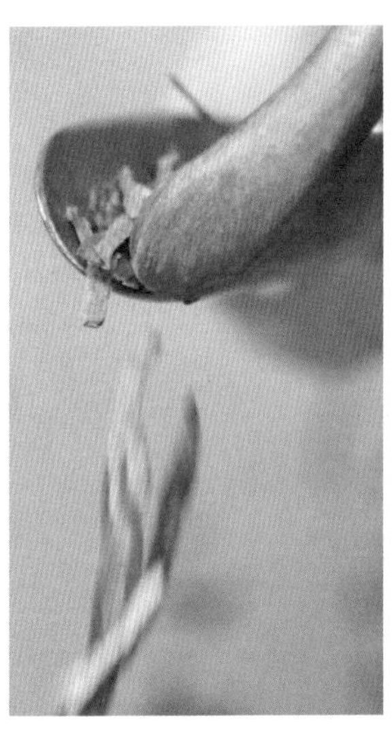

（1）拍摄设备：手机、稳定器。

（2）拍摄脚本：

镜号	画面内容	视频时长（s）	景别	拍摄方式	拍摄角度
7	手拿竹签，将茶叶从茶匙上捣下	4	特写	下→上移动拍摄	仰拍→俯拍

（3）拍摄方式：从下至上移动拍摄。

（4）拍摄角度：从仰拍到俯拍。

（5）景别：特写。

拍摄时注意镜头一开始与被摄物平行，可以适当微调拍摄角度，前面稍微有点仰拍，在拍摄过程中控制稳定器慢慢调节为俯拍，得到茶叶如瀑布落入杯中的效果。

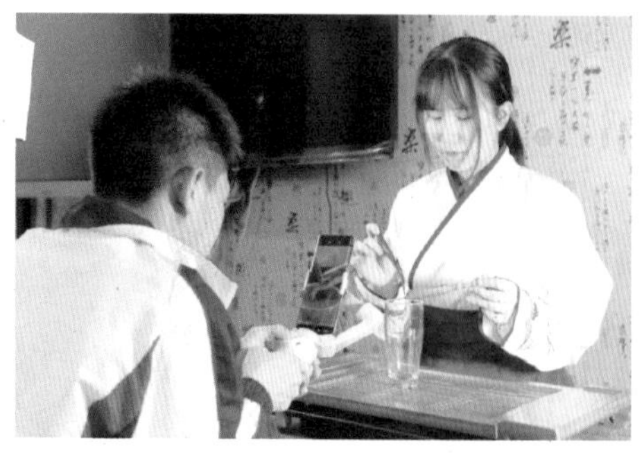

8. 镜号 8

承接上一个镜头，拍摄茶叶落入茶杯的过程，本镜头使用从左到右的移动拍摄方式，让画面更好地呈现茶叶滑落的顺滑感。

（1）拍摄设备：手机、三脚架。

（2）拍摄脚本：

镜号	画面内容	视频时长（s）	景别	拍摄方式	拍摄角度
8	茶叶落入杯中（拍摄透明玻璃杯）	4	特写	左→右摇镜拍摄	平拍

（3）拍摄方式：左右摇镜拍摄。

（4）拍摄角度：平拍。

（5）景别：特写。

拍摄时注意镜头与被摄物平行，可以适当微调拍摄角度，承接上一个镜头，这里只需要捕捉茶叶落入杯底的画面，利用稳定器从左到右慢慢移动。

9. 镜号 9

承接上一个镜头，本镜头要展示另一种喝茶文化。与玻璃杯冲泡不同，接下来使用瓷杯进行冲泡，拍摄茶叶落入白色瓷杯的过程。本过程展现的动作是动态的，只需要使用稍带一点运动的拍摄方式即可，从上到下移动拍摄。

（1）拍摄设备：手机、稳定器。

（2）拍摄脚本：

镜号	画面内容	视频时长（s）	景别	拍摄方式	拍摄角度
9	手拿竹签，将茶叶从茶匙上捣下，茶叶落入白色瓷杯中（展示另一种喝茶的文化：工夫茶）	3	特写	上→下移动拍摄	平拍

（3）拍摄方式：从上至下移动拍摄。

（4）拍摄角度：平拍。

（5）景别：特写。

拍摄时注意镜头与被摄物平行，可以适当微调拍摄角度，与上一个镜头相似，运动轨迹改为从上至下。

10. 镜号 10

为了更好地呈现茶叶泡水后的状态，使用镜头缓慢推进的拍摄方式，让观众更清晰地看到茶叶变化的样子。

（1）拍摄设备：手机、三脚架。

（2）拍摄脚本：

（3）拍摄方式：推镜头拍摄。

镜号	画面内容	视频时长（s）	景别	拍摄方式	拍摄角度
10	手握茶壶倒水进入白瓷茶杯中	5	近景→特写	推镜（由近到特写）	平拍

（4）拍摄角度：平拍（为了更清晰地呈现茶叶泡开效果，可以略带一些倾斜角度）。

（5）景别：从近景到特写。

拍摄时注意镜头与被摄物平行，可以适当微调拍摄角度，利用稳定器缓慢推进镜头，放大画面，让观众清晰看到茶叶在水中泡开的状态。

11. 镜号 11

拍摄热水冲泡茶叶的画面，呈现水流与茶叶的动态画面，使用固定镜头即可。

（1）拍摄设备：手机、三脚架。

（2）拍摄脚本：

镜号	画面内容	视频时长（s）	景别	拍摄方式	拍摄角度
11	水进入杯中时，茶叶的状态（透明玻璃杯）	5	特写	固定拍摄	平拍

（3）拍摄方式：固定拍摄。

（4）拍摄角度：平拍。

（5）景别：特写。

拍摄时注意镜头与被摄物平行，可以适当微调拍摄角度，捕捉茶叶刚进入杯中，在水中浮沉的动态变化的特写画面。

12. 镜号 12

承接上一个镜头，拍摄茶叶已经泡开的画面。拍摄手法相同，景别可以稍微有区别，让观众了解这是泡了一段时间后的茶叶状态。

（1）拍摄设备：手机、三脚架。

（2）拍摄脚本：

镜号	画面内容	视频时长（s）	景别	拍摄方式	拍摄角度
12	已经泡开的茶叶在透明玻璃杯中的状态	3	特写	固定拍摄	平拍

（3）拍摄方式：固定拍摄。

（4）拍摄角度：平拍。

（5）景别：特写。

13. 镜号 13

为了更好地展示茶叶泡出来的茶水颜色，并突出透彻感和清爽感，本镜头使用固定镜头拍摄，特写玻璃杯。

（1）拍摄设备：手机、三脚架。

（2）拍摄脚本：

镜号	画面内容	视频时长（s）	景别	拍摄方式	拍摄角度
13	手握玻璃茶壶，装着干净的茶水倒入透明玻璃杯中（体现茶水的透彻）	3	特写	固定拍摄	平拍

（3）拍摄方式：固定拍摄。

（4）拍摄角度：平拍。

（5）景别：特写。

拍摄时注意镜头与被摄物平行，可以适当微调拍摄角度，模特倒水的力度和速度要均匀，水流缓慢成柱进入玻璃杯，富有美感。

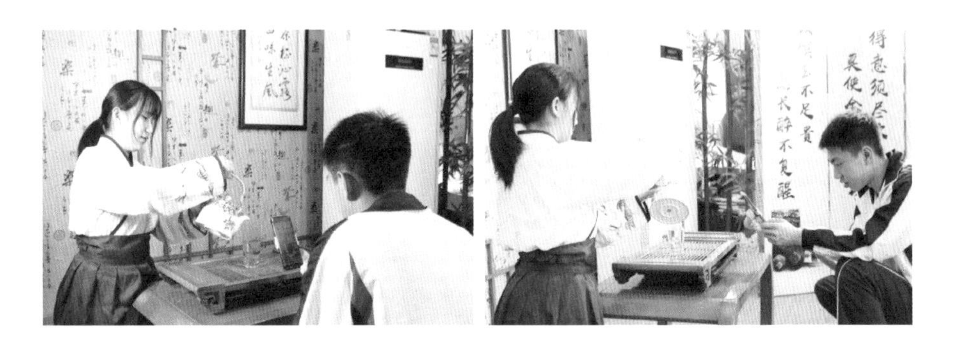

14. 镜号 14 ～ 15

本镜头拍摄的是连贯动作的长镜头，具体地分为两个部分：一个是拿起茶杯的动作；一个是模特闻茶的动作。前一个动作要重点捕捉茶杯移动的轨迹，镜头跟随茶杯从下至上移动，后一个动作只需拉近，放大闻茶的状态即可。

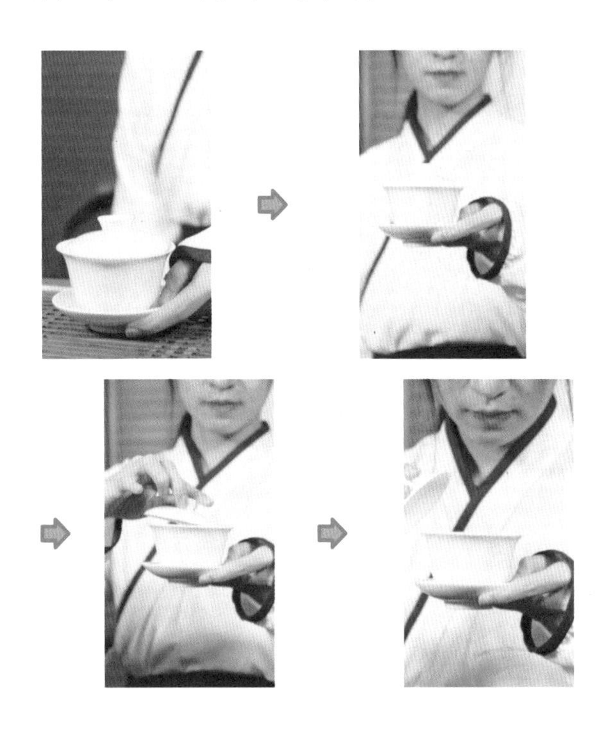

（1）拍摄设备：手机、稳定器。

（2）拍摄脚本：

镜号	画面内容	视频时长（s）	景别	拍摄方式	拍摄角度
14~15	手拿起白色瓷杯（里面装了茶水）	4	特写	下→上移动拍摄	平拍
	模特左手拿起白色瓷杯，右手拿起杯盖轻轻抚杯几下	4	特写→近景	拉镜（由模特拿起杯时的手部特写→近景）	平拍

（3）拍摄方式：从下至上移动拍摄，焦点跟随模特手中拿起的茶杯，当模特轻抚杯盖的时候，镜头拉远。

（4）拍摄角度：平拍。

（5）景别：当模特拿起水杯的时候，景别保持特写茶杯，当模特轻抚杯盖的时候，从特写拉到近景。

拍摄时镜头与被摄物平行，本镜号拍摄的视频运动比较复杂，要注意在跟随茶杯被拿起来的过程中不能虚焦。模特在拍摄过程中的表现也十分重要，需动作流畅，不能卡顿。

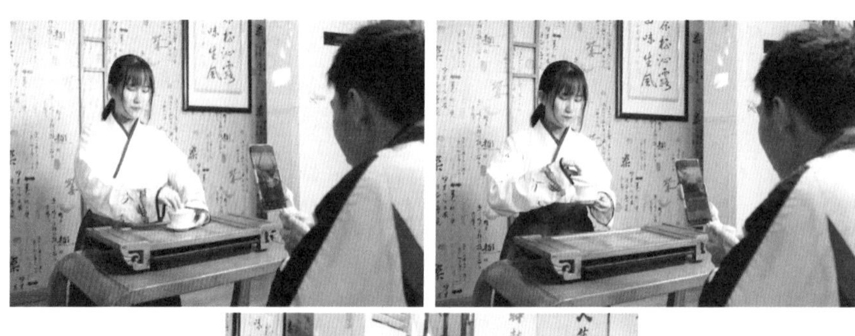

15. 镜号 16

结尾镜头与开头呼应，景别一致，摆放的商品略有不同，展示已经泡好的茶水，预示茶叶冲泡的过程已经展示完毕。

（1）拍摄设备：手机、三脚架。

（2）拍摄脚本：

镜号	画面内容	视频时长（s）	景别	拍摄方式	拍摄角度
16	铁盒/茶壶/一杯茶，整体展示	5	近景	固定拍摄	平拍

（3）拍摄方式：固定拍摄。

（4）拍摄角度：平拍。

（5）景别：近景。

拍摄时注意镜头与被摄物平行，利用手机稳定器从左往右缓慢移动拍摄即可。

拍摄这种立体感较强的商品，大家一定要注意变化不同的角度来拍摄，这样才能全方位地表现出商品的形状、特点、大小关系等。并且由于茶叶有不同的形态和冲泡方式，为了更好地展示商品品质，还要结合多种道具来实现丰富的拍摄效果。

同步实训

依照学习情境二同步实训制作完成的分镜头脚本，分组进行短视频拍摄。

一、拍摄前期策划

确定绿茶短视频的拍摄任务，并把结果填入表中

序号	任务分解	决策
1	确定拍摄设备	
2	确定拍摄场景	
3	确定拍摄哪些商品	
4	确定布置需要哪些道具	
5	确定视频构图	
6	确定拍摄方式	
7	确定拍摄的灯光布置	
8	确定拍摄的视频脚本	

二、短视频拍摄

1. 选定拍摄场景，布置背景、灯光、道具。
2. 根据需要选择拍摄设备，如手机、三脚架、稳定器等。
3. 对照分镜头脚本开展拍摄。
4. 根据脚本里的内容、构图、拍摄方式等仔细观察拍摄的视频是否达到想要的效果。
5. 把视频导入电脑进行素材分类和编号、命名。

三、查看拍摄的视频，并分析完成质量，完成下表的填写

	视频画面分析（构图、对焦、曝光、拍摄方式等是否正确）	改进（根据问题反馈，分析总结视频拍摄的问题）
自评		
小组互评		
老师点评		
总分		

情境考核

龙井茶情景剧类（工夫茶的展示过程）短视频拍摄

1. 考核目的

通过对本学习情境的学习，基本掌握运用拍摄技巧和景别知识拍摄短视频。

2. 考核准备

（1）组队：以小组为单位，4 ~ 6 人一组，并选出一名组长，分配好组员的工作。

（2）用具：龙井茶情景剧类（工夫茶的展示过程）短视频分镜头脚本、手机、三脚架、摄影灯、茶叶、茶具。

3. 考核任务

按照龙井茶情景剧类（工夫茶的展示过程）短视频分镜头脚本，利用拍摄设备和道具完成拍摄任务。

4. 实训步骤

（1）选定拍摄场景，布置背景、灯光、道具。

（2）根据需要选择拍摄设备，如手机、三脚架、稳定器等。

（3）结合脚本进行拍摄，注意景别选取、镜头运动以及焦段变化。

（4）以文件夹形式整理好拍摄素材，标注序号并上交。

5. 任务实施

（1）拍摄场景布置：茶艺室。

（2）准备：手机一台，三脚架一个，摄影灯两个。

（3）对照分镜头脚本开展拍摄。

（4）根据脚本里的内容、构图、拍摄方式等观察拍摄的视频是否达到想要的效果。

（5）把视频导入电脑进行素材分类和编号、命名。

6. 考核评价

1. 作品评价（60 分）					
评价指标	分数	评价说明	自我评价	小组评价	教师评价
画面构图、景别	20 分	画面构图、景别、拍摄角度正确			
运动镜头	20 分	镜头运动方式正确，运动稳定，不抖动			
画面清晰	10 分	光线充足，画面清晰			
视频整体效果	10 分	拍摄流畅，整体效果好			

续表

2. 完成态度（20 分）					
职业技能	10 分	符合工作需求，能够拓展相关知识，并通过新颖独特的形式加以展示			
工作心态	5 分	抱有信心，努力做好工作，能完成工作			
完成效率	5 分	在规定时间内按质按量地完成分配的任务			
3. 团队合作（20 分）					
沟通分析	10 分	主动提问题，快捷有效地明确任务需求			
团队配合	10 分	快速地协助相关同学进行工作			
计分					
总分（按自我评价 30%、小组评价 30%、教师评价 40% 计算）					

短视频后期剪辑

情境导入

传媒设计部制定了一个任务，要求为一品茶旗舰店剪辑西湖龙井茶叶的电商主图短视频，需用 Premiere 软件。李华是新来的实习生，主管把这个任务交给了他。李华需要了解 Premiere 软件以及剪辑工具等基础操作，在熟悉软件后进行西湖龙井茶叶的主图短视频剪辑。

学习目标

知识目标

认识 Premiere 软件的基础操作，学会基本的视频剪辑技能；

掌握视频渲染时的参数设置。

技能目标

能根据视频需求，综合运用 Premiere 的技能操作完成视频剪辑。

思政目标

培养学生自主学习的学习习惯和创新精神；

培养学生细致的观察能力，提高学生独立处理问题的能力。

知识探究

一、优化软件

（一）Premiere 简介

Premiere 是 Adobe 公司研发的一款基本剪辑软件，简称 Pr。目前常用的版本有 CS4. CS5. CS6. CC 2014. CC 2015. CC 2017. CC 2018. CC 2019 以及 2020 版本，本书用到的版本为 CS6。Pr 软件可用于剪辑广告、宣传片、电影等，并且与 Adobe 公司的其他软件可以相互协作，具有很好的兼容性。市面上一般的影视公司都是用该软件进行后期剪辑。

微课：软件优化

（二）Premiere 界面基本操作

1. 创建项目

创建项目是 Pr 软件最基础的一个操作步骤。通常一个项目里包含了序列和剪辑视频需要用到的素材，序列与素材之间有链接关系。在这个项目里对剪辑的素材进行保存、归类、剪辑、添加特效。

双击桌面的 Pr 图标（见图 4-1），首先会弹出一个欢迎界面（见图 4-2），在这个界面里可以“新建项目”或“打开项目”。在“最近使用项目”中会列出最多五个打开过的项目。

图 4-1　Pr 图标

图 4-2　Pr 欢迎界面

2. 项目设置

新建一个项目时，必须要对里面的信息进行设置。每次打开“新建项目”都会弹出如图 4-3、图 4-4 所示的界面，可以设置不同的参数信息，也可以把默认信息保存下来。在“常规”标签下，“视频渲染与播放”“视频”“音频”可参考图 4-3 进行设置。“位置”“名称”可以设置文件存储位置和项目名称。“暂存盘”标签下设置所采集的视音频存放位置，一般与项目位置相同。

图 4-3　常规

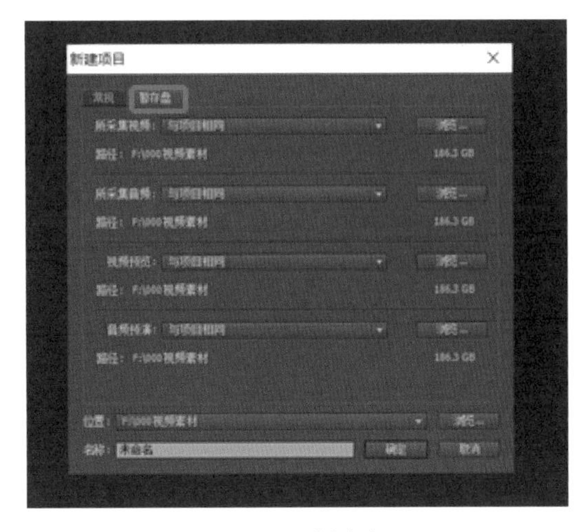

图 4-4　暂存盘

Premierer 剪辑中，用到的视音频数量多、容量大，为了保证电脑不卡顿，一般不将文件放在桌面或者 C 盘。可在其他盘，建立文件夹存放，也方便查找素材。

3. 序列设置

选择好项目存放位置后，单击“确定”，进入序列预设窗口。现在拍摄的大部分是高清视频，因此选择 1080p 下的 DVCPROHD 1080p24（见图 4-5），在窗口右边显示已选序列的详细信息：

画面大小：1920×1080

帧速率：23.976

场：无场（逐行扫描）

音频采样率：48 000 采样 / 秒

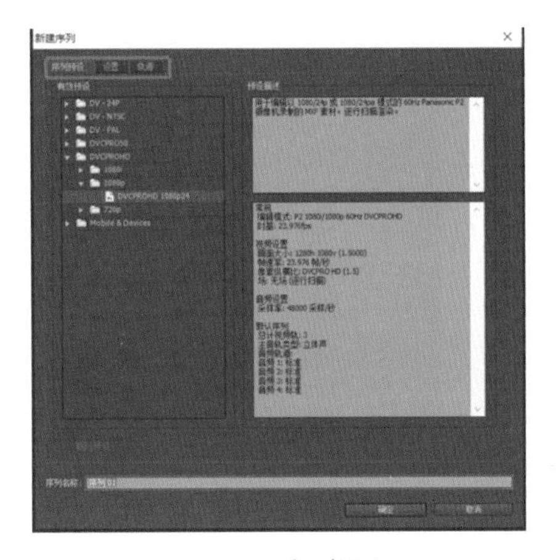

图 4-5　序列设置

“序列名称”下可以修改序列名称，默认名称为“序列 01”，建议修改为视频名称，方便日后查找。确定好序列参数信息后，单击“确定”，进入软件。

小贴士

如要设置其他像素或尺寸的视频，可以点击图 4–5 中“设置”进行操作，如设置竖版视频便是如此操作，相关内容将在下文讲解。

4. 优化界面

在 Pr 原始界面（见图 4–6），有项目、特效控制台、调音台、元数据、效果、历史、标记、时间线、工具栏、节目监视器等窗口。根据实际需要，可以对软件界面进行优化，删除不必要的窗口，扩大所需要的窗口。

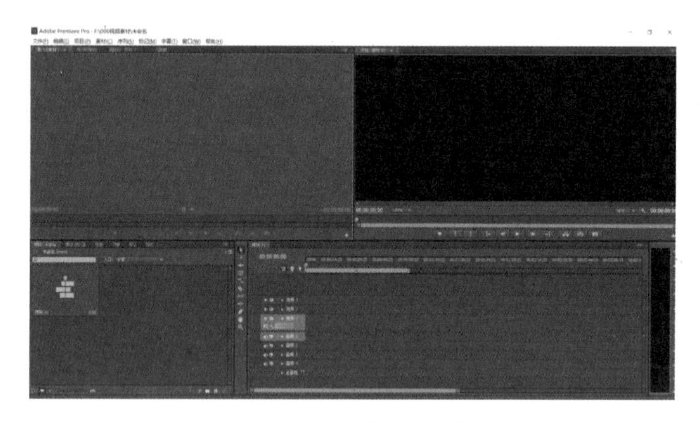

图 4–6　Pr 原始界面

窗口挪动：如将“项目”窗口从左下方移动到左上方，单击鼠标左键选中“项目”窗口，当“项目”窗口四周由橙黄的线包围时，见图 4–7(a)，即已选中此窗口。此时向上拖动项目窗口至界面左上角，当左侧出现紫色梯形方块时，见图 4–7(b)，松开鼠标，挪动成功，见图 4–7(c)。

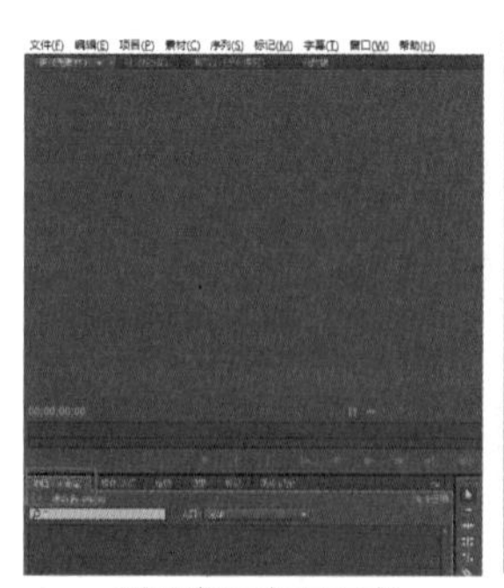

a. 项目窗口在左下方，选中后由橙黄线包围

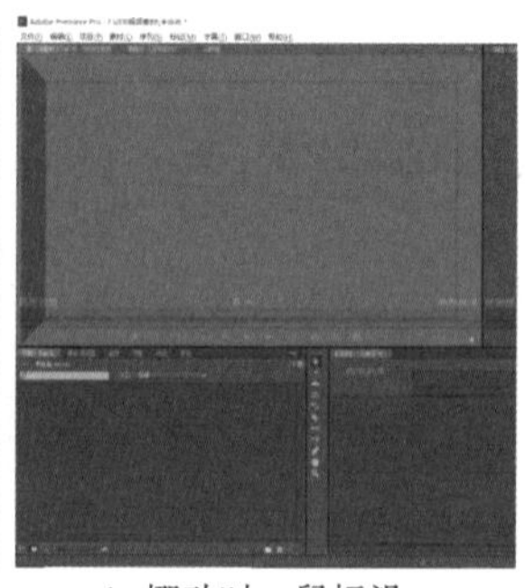

b. 挪动时，鼠标没松开时的页面

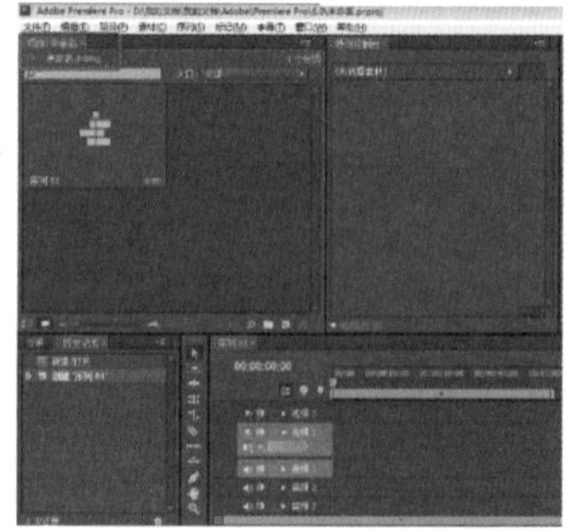

c. 挪动后，项目窗口位于左上方

图 4–7　挪动窗口

窗口删除：单击标签右上角的“×”键可以删除此标签，如标记、信息、调音台、元数据等标签。

窗口扩大：视频剪辑时，看得最多的窗口主要是时间线窗口、节目监视器窗口，因此为了优化界面，将这两个窗口扩大。将鼠标放在时间线窗口左方位置，当鼠标变为双向鼠标箭头时，拖动时间线框往左移，到合适位置松开鼠标，扩大时间线位置。可用同样方法扩大节目监视器窗口。

优化后最终排列的窗口如图 4-8 所示。

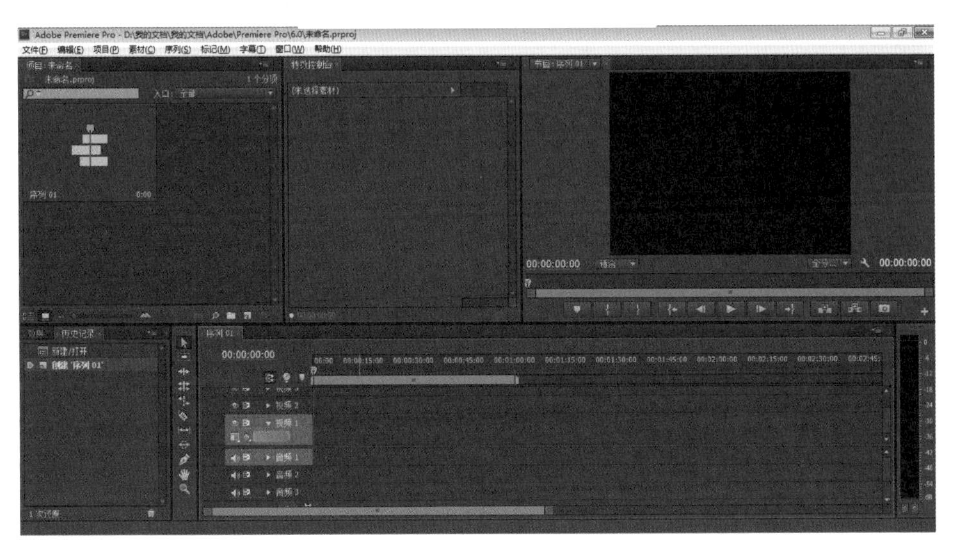

图 4-8　最优化界面

窗口保存：Pr 界面优化完成，要进行保存，以便下次使用。单击“窗口”→“工作区”→“新建工作区”（见图 4-9）。在“名称”中输入要保存的名称（见图 4-10），单击保存。此时窗口界面就会保存此工作区。

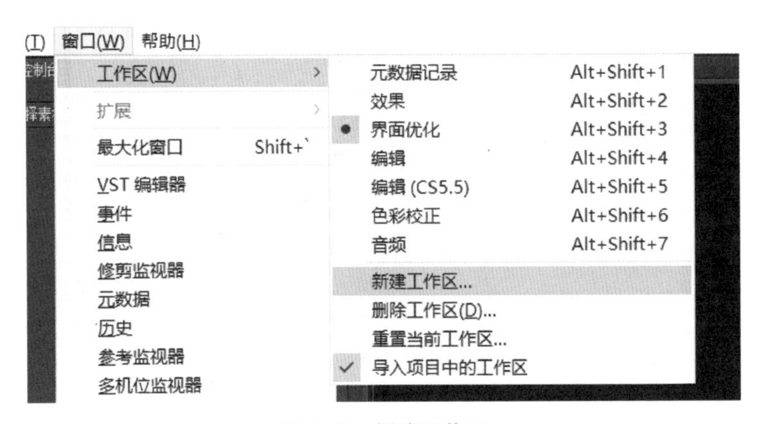

图 4-9　新建工作区

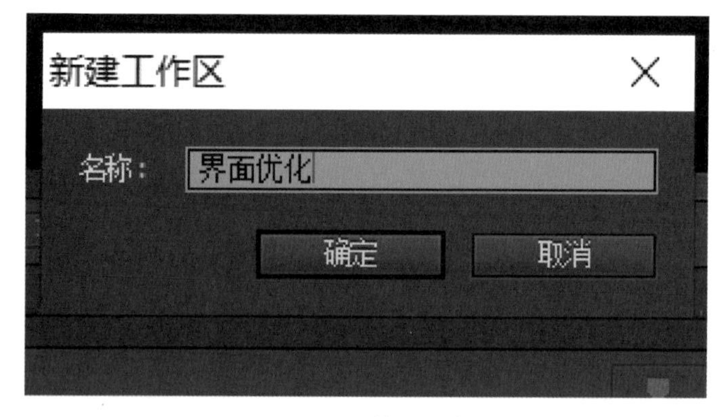

图 4-10　工作区重命名

小任务

根据界面优化内容，对 Pr 界面进行拖动、删除、扩大等界面管理。比一比，看谁做得又好又快。

窗口还原：若打开 Pr 没有需要的窗口，我们可以手动添加。单击窗口菜单，找到需要添加的窗口，单击鼠标左键，当出现蓝色对勾标记时，表明此窗口已经添加成功。

下次打开时，若 Pr 不是最优界面，单击"窗口"→"工作区"→"界面优化"（见图 4-11），可以直接调出来。

若要恢复 Pr 初始界面，单击"窗口"→"工作区"→"编辑"（CS5.5），重置 Pr 界面。

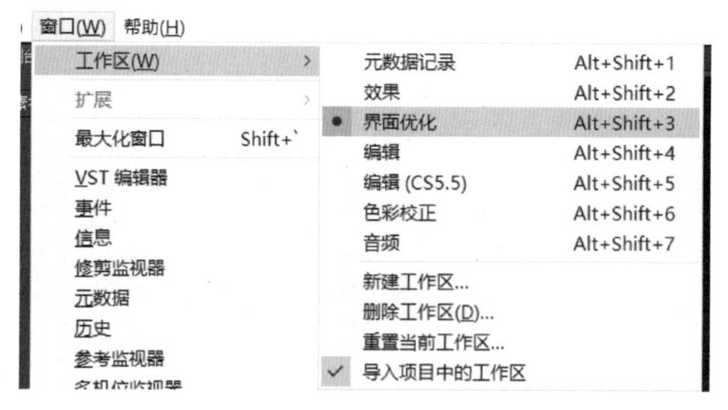

图 4-11　找回已保存工作区

（三）Premiere 参数设置

序列已经建好，实际应用时可根据具体情况对序列参数进行修改，即在"首选项"

下对序列的常规、界面、媒体、内存、自动存储等进行修改。

（1）将缓存文件放在 C 盘以外的盘，提高电脑运行速度。单击“编辑”→“首选项”→“媒体”，单击“浏览”将媒体缓存文件、缓存数据库放在常用非 C 盘的文件路径（见图 4–12）。

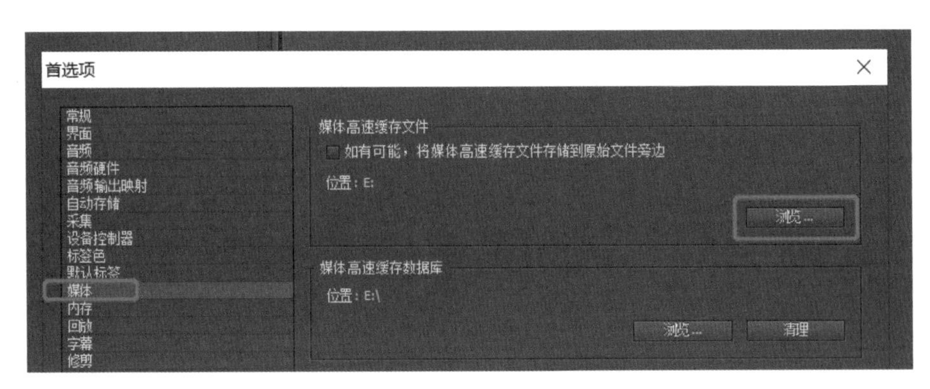

图 4–12　缓存文件保存路径

（2）单击“编辑”→“首选项”→“内存”，设置 Pr 的内存空间，空间分配原则为尽可能多地为 Pr 预留空间，但也不能全部留给 Pr，数据如图 4–13 所示。

图 4–13　内存设置

（3）单击“编辑”→“首选项”→“自动存储”，最多项目存储数量设置为 50；自动存储间隔设置为 2 分钟（见图 4–14）。

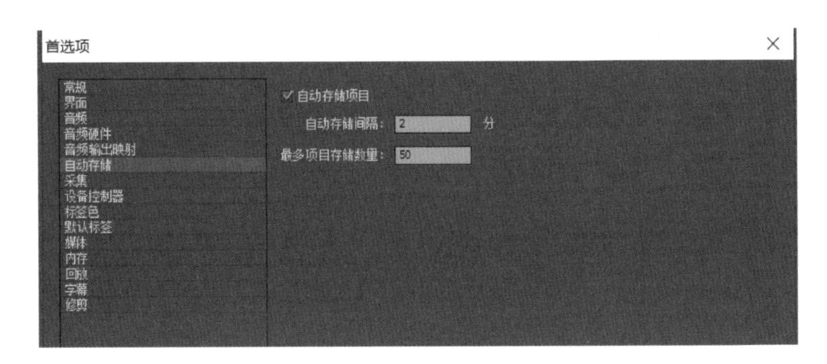

图 4–14　自动保存

（4）单击“编辑”→“首选项”→“常规”（见图 4–15），在 Pr 中，我们默认 25 帧为 1 秒。在“常规”中可以看到，系统自动设定视频切换默认持续时间为 25 帧，即 1 秒；音频过渡默认持续时间为 1 秒；静帧图像默认持续时间为 125 帧，即 5 秒。默认持续时间可以根据自己的需要进行修改，一般来说，视频中静帧图像默认持续时间最好在 3 ~ 5 秒。

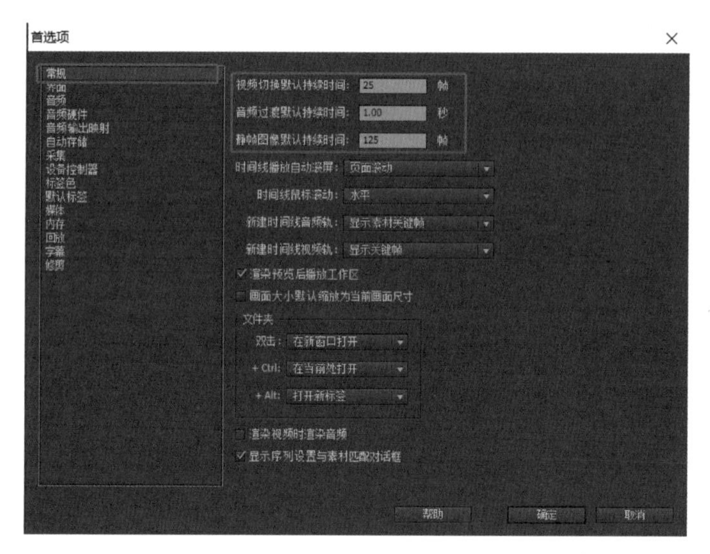

图 4–15 常规

小任务

按照以下要求设置 Pr 数据：

1. 更改媒体保存路径为：D 盘素材练习文件夹。
2. 将自动保存时间改为 1 分钟，最多存储数量为 40。
3. 设置音频过渡默认持续时间为 50 帧，静帧图像默认持续时间为 3 秒。
4. 素材位置：素材库中学习情境四小任务素材 1。

二、素材导入视频导出

（一）Premiere Pro CS6 支持的文件格式

Premiere Pro CS6 支持多种格式的视音频及图像文件，提供丰富的素材。

视频格式：MPEG、DV、HDV、MP4. AVI、3GP、FLV、F4V、M4V 等。

音频格式：MP3.AAC、WMA、WAV、AIF、BWF、MPEG、AC3.AIFF 等。

图像和图像序列格式：AI、EPS、GIF、JPEG、PICT、PSD、TAG、ICB、VDA 等。

微课：素材的导入导出

（二）新建序列

双击打开 Pr，在弹出的新建项目窗口中单击“确定”，新建项目。在“新建序列”窗口中，选择“设置”，设置我们需要的序列参数（见图 4–16）。

编辑模式：自定义

时基：25.00 帧 / 秒

画面大小：1920 水平，1080 垂直（这是大高清数据，1080×720 是小高清数据）

像素纵横化：方形像素

场序：逐行扫描

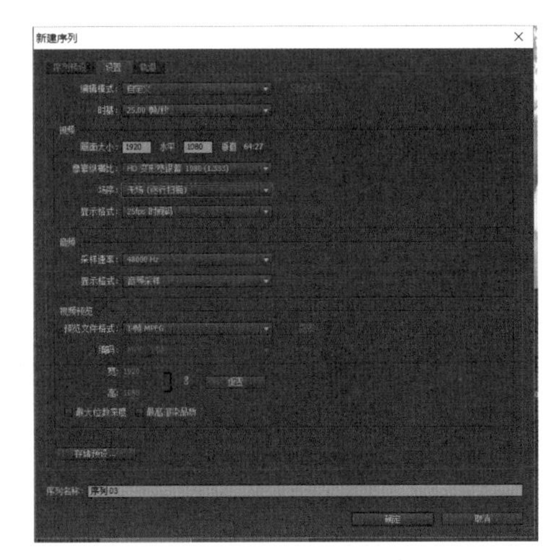

图 4–16　序列参数设置

（三）导入素材

Premiere Pro CS6 编辑时，可以将硬盘上拍摄好的素材导入其中。双击项目窗口的空白位置，或者单击“文件”→“导入”，在弹出的对话框中选择想要的素材，或将整个文件夹拖入其中，即可导入素材。

选中项目窗口的素材并将其拖入时间线窗口中，若此时弹出“素材不匹配警告”（见图 4–17），这里有两个解决方法。

方法一：选择保持现有设置。此时素材拖入时间线后，素材大小与序列大小不一致，视频预览区的画面可能会出现黑边（见图 4–18）。有两个办法可以去掉黑边：一是左键单击素材，选择“缩放为当前画面大小”（见图 4–19）；二是在特效控制台，调整素材缩放比例（见图 4–20），去掉画面中黑边。

方法二：选择更改序列设置（见图 4–21），序列大小根据视频大小自动调整。此时画面铺满整个屏幕，没有黑边。选中项目窗口序列，单击右键，选择“序列设置”，在弹出的“序列设置”窗口（见图 4–22）可以看到，此时序列大小已经由原来的 1920 × 1080 改为 640 × 352。

图 4-17 素材不匹配警告

图 4-18 视频预览区出现黑边

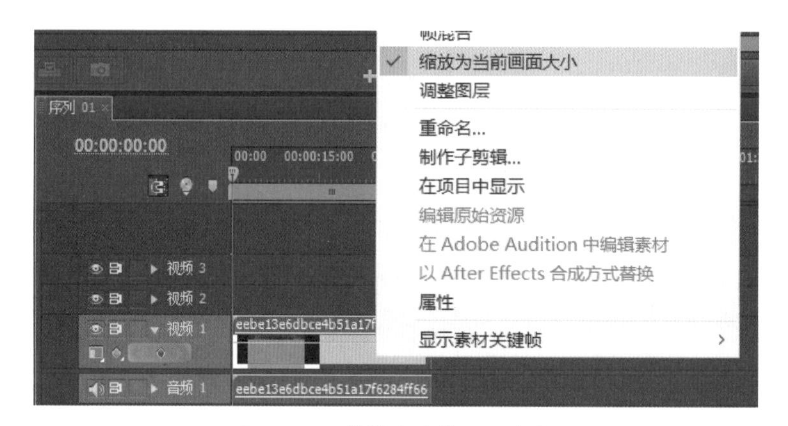

图 4-19 缩放为当前画面大小

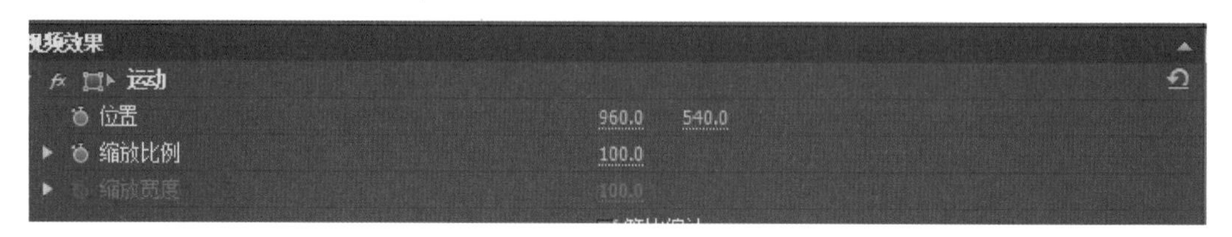

图 4-20 缩放比例

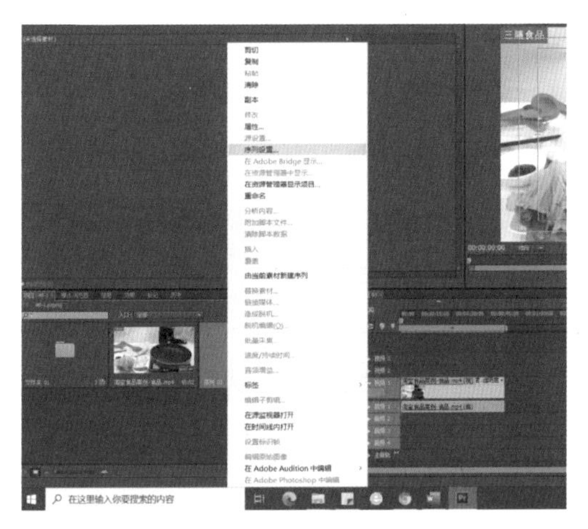

图 4-21　更改序列设置

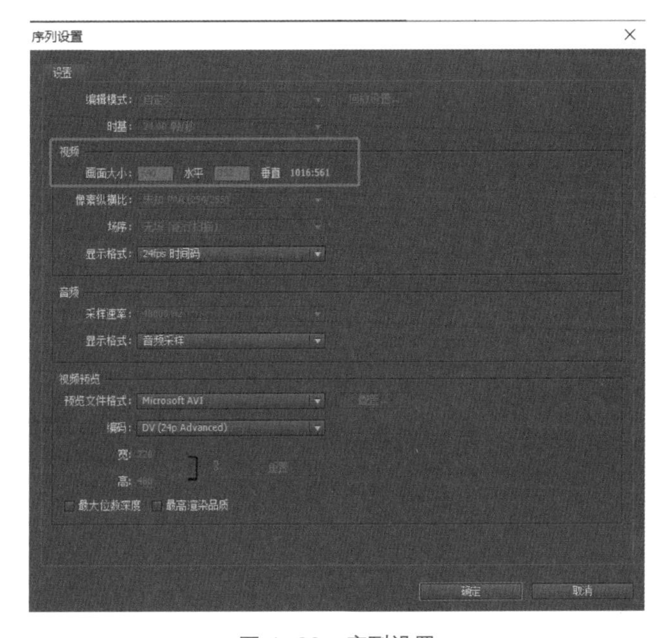

图 4-22　序列设置

小贴士

若选择保持现有序列，视频画面大小与序列不匹配，需要手动调整视频画面；若选择更改序列，序列大小则根据视频大小自动修改。此时根据自己需要选择合适的方案。

（四）视频导出

视频格式设置：视频剪辑完毕，导出时单击“文件”→“导出”→“媒体”或者快捷键“CTRL+M”导出视频。导出时选择导出格式为 H.264（见图 4–23），双击“输出名称”选择文件保存位置、更改文件名。注意这里一定要更改文件名，选择保存位置，否则可能会出现导出后找不到视频的情况。

图 4–23 视频格式导出设置

其他参数设置：视频宽高设置为 1920 × 1080（见图 4–24），此宽高参数可以在“预设”里修改。

图 4–24 视频宽高设置

比特率设置（见图 4–25）：比特率编码一般设置为 VBR,1 次，VBR,1 次导出时间快，但是会损失画面质量；VBR,2 次相当于视频渲染两次，画面更加清晰，但时间更久。平时我们的视频一般 VBR,1 次即可。

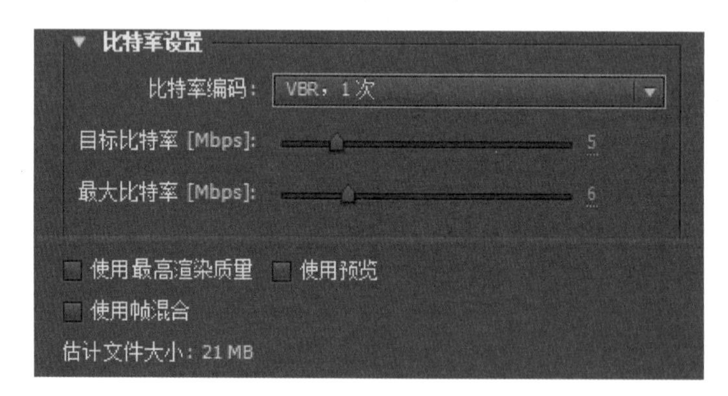

图 4–25 视频比特率设置

目标比特率：目标比特率可调节文件大小，目标比特率越大，视频文件越大；反之，目标比特率越小，视频文件越小。

音频比特率（见图 4–26）一般设置为 128 ~ 160 即可，电影或歌曲 MV 多为 320。与视频一样，比特率数值越大，音频越清晰。但是选用音频比特率不是越大越好，因为很多视频网站不能上传音频比特率太大的视频。

图 4-26 音频比特率设置

小贴士

视频导出前，要确定视频导出范围。在序列窗口，使用快捷键“I”确定视频的开始处，“O”确定结束处，选取需要的视频长度。如果轨道上没有删除其他素材，渲染导出后，视频后面可能会出现一大段黑色画面。

小任务

根据所学内容，进行以下操作：

1. 新建 1920×1080 序列，导入素材文件夹中视频、音频、图片素材。
2. 将素材在时间线上进行合理编排，导出 MP4 格式视频，视频大小不超为 50M。
3. 素材位置：素材库中学习情境四小任务素材 2。

三、剪辑工具的认识

视频剪辑是将素材片段根据分镜头脚本，按照视频主题，剪辑成一个完整的符合客户要求的视频。剪辑工具是视频剪辑最重要的一环，是视频剪辑的操手。它有丰富的工具，使得非线性剪辑十分方便。节目监视器窗口是剪辑时的主要窗口，它可以预览正在剪辑的视频，对视频内容及时做出调整。

微课：剪辑工具的认识

（一）节目监视器窗口

当素材在时间线上进行剪辑的时候，通过节目监视器窗口能及时浏览视频。默认状态下，节目监视器窗口位于视频的右侧。窗口的底部控制面板能够对视频起到打标记、打出入点、播放、逐帧进退、调整屏幕大小、调整分辨率、打开安全框、导出单帧等操作。单击右下角“+”（见图 4–27）按键可以找到更多选项，根据个人习惯进行选择。

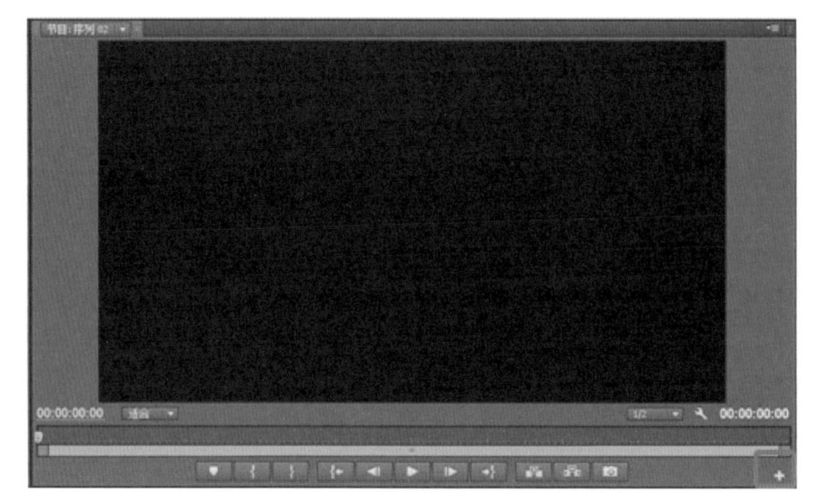

图 4–27　添加更多工具

在视频剪辑时，节目监视器窗口是预览窗口，利用率高，接下来介绍几个最常用的工具。

1. 视频监视器（视频预览窗口）屏幕大小

预览视频时，可放大或者缩小视频预览窗口。单击左侧倒三角，可以选择适合、10%、25%、50%、75%（见图 4–28）、100%、150%、200%（见图 4–29）、400%。剪辑时，缩小窗口便于观察视频整体，放大窗口可以修改视频细节。尤其是添加特效后，需要反复调节节目监视器窗口中视频预览大小，以方便剪辑。

图 4–28　监视器缩放为 75%

图 4-29　监视器缩放为 200%

2. 选择播放分辨率

Pr 这个软件比较大，剪辑时用到的素材、添加的效果多，对电脑配置要求也高。当电脑出现卡顿，没有办法预览的时候，除了提高电脑性能，还可以单击“选择播放分辨率”，降低预览分辨率（见图 4-30）。降低分辨率后，视频播放会比较流畅。此时视频可能会不清晰，有马赛克，但这并不影响原视频画质，导出后也不会出现马赛克。一般在剪辑时选择 1/2 分辨率就可以了。

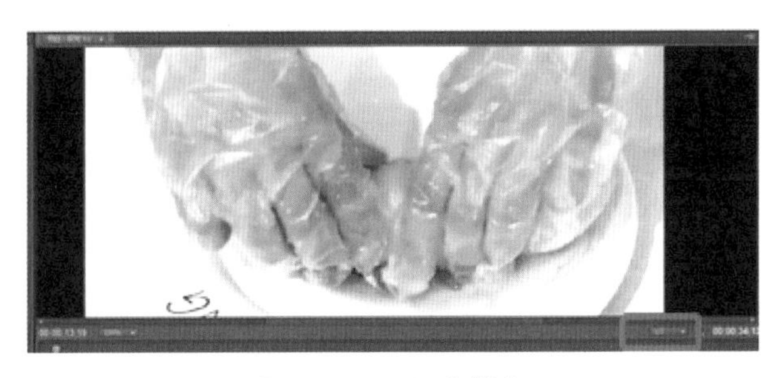

图 4-30　1/2 分辨率

3. 安全框

安全框的作用是确定视频中画面运动以及文字的安全区域，即视频的内容要在此区域内呈现。安全区域包括节目安全区和字幕安全区。当制作的节目用于电视播放时，由于多数电视机会切掉图像外边缘的部分内容，所以我们要参考安全区域来保证图像元素在屏幕范围之内，尤其要保证字幕在字幕安全区之内，重要节目内容在节目安全区之内。

单击按键，在最下方勾选“安全框”选项，此时节目监视器窗口就会出现两个框，内框为文字安全区域，外框为运动安全区域（见图 4-31）。

图 4-31　安全框

（二）剪辑工具的使用

素材导入后，需要在时间线窗口上进行编辑，以达到客户想要的效果。Premiere Pro CS6 提供了强大的编辑工具，可以在时间线窗口上进行复杂的编辑。根据短视频剪辑需要，这里主要讲以下四个工具。

小贴士

使用快捷键前，需将输入法切换为“英文”输入法。

1. 选择工具

在编辑素材时，第一步是选中素材，单击“选择工具” （快捷键 V），选中片段，此时可以拖动素材位置。选择工具配合其他按键可以有不同的组合效果。

配合 SHIFT 键：选择多目标，相对于框选，这个可以不连续选择或取消。

配合 CTRL 键：移动工具可以强行插入素材，如果想在已剪辑好的片段中插入素材，平常的做法是向前、后拖动原素材位置，再插入素材。选择工具 +CTRL 键可以拖拽素材，将素材移动到切入点，松开按键后素材就插入了。

配合 ALT 键：忽略编组 / 链接而移动素材，对于已经编组或链接的素材，如果要进行细微的调整，可以在不取消编组或链接的情况下移动素材。

2. 剃刀工具

如果要删掉素材的某一段，或对素材前后部分添加不同的效果，则要先对素材进行分割。选择剃刀工具 （快捷键 C），单击素材上需要分割的点，可以将素材分割成两段。

配合 SHIFT 键：可以作用在时间点上的所有素材。

配合 ALT 键：可以忽略链接而单独裁剪视频或音频，在需要替换部分视频或音频时免去解开链接的步骤。

3. 钢笔工具

钢笔工具（快捷键 P）可以快速地在音视频轨道上添加关键帧，通过拖动关键帧，制作淡入淡出的效果。

将素材拖入视频轨道后，视频 1 轨道默认展开，此时左侧呈倒三角状态，如图 4-32(a) 所示。时间线素材上有一条黄色的线，选择钢笔工具，单击视频 1 轨道上的素材，素材上会出现已经添加的菱形关键帧，如图 4-32(b) 所示。在视频上往上拖动关键帧，提高画面亮度；向下拖动关键帧，降低视频亮度。

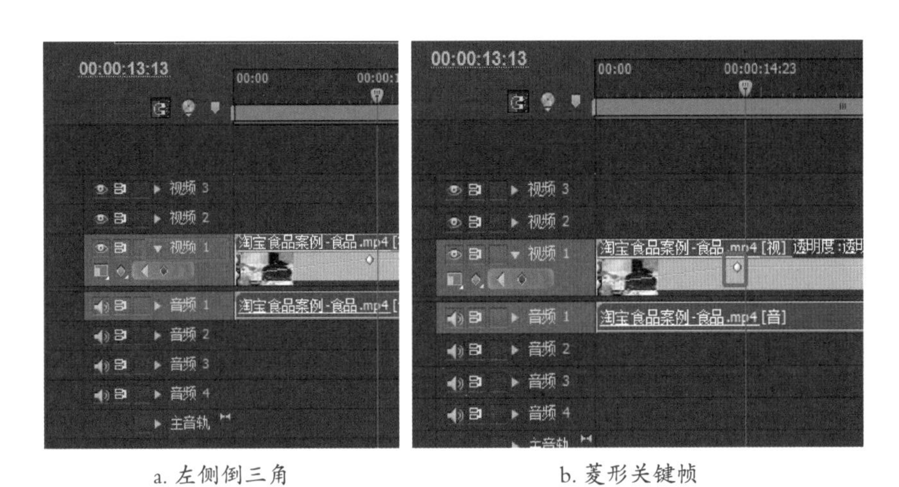

a. 左侧倒三角　　　　b. 菱形关键帧

图 4-32　展开视频轨道

同理，音频轨道上拖动关键帧，增大、减小声音。注意，音频轨道一般呈折叠状态，用钢笔工具添加关键帧需先单击音频左侧三角符号，展开轨道。

4. 手形工具

手形工具（快捷键 H）可以代替选择工具，在时间线窗口拖动时间线到想要的位置。还可以在节目监视器窗口视频放大后，用手形工具拖动视频到剪辑需要的视频画面。

小贴士

在节目监视器窗口用选择工具拖动视频，很容易直接移动视频位置，移出视频安全框，出现视频消失或部分消失的现象，或双击后改变视频中心点，而用手形工具则不会出现上述情况。因此在节目监视器窗口挪动视频时，应选择手形工具。

小任务

北京大学朗诵协会在开学典礼上进行了诗朗诵《奋斗吧，青年！》，其中一人朗诵时，镜头前有人经过，请你把这一段视频剪掉，并添加音视频的淡入淡出效果。

素材位置：素材库中学习情境四小任务素材 3。

四、认识时间线窗口

时间线是对视频进行整体编辑的窗口，素材内容、转场效果、视频特效可视化都在时间线上体现。

微课：认识时间线窗口

（一）播放指示器

播放指示器由一个黄色的水滴形和一条红色的线组合而成。水滴在时间标尺的上方，拖动标尺即可改变当前时间；红色的线纵向贯穿整个时间线窗口，在时间线窗口进行剪辑、添加特效时以此线为分界线。

将素材拖到时间线上时，素材上方会出现播放指示器（见图 4-33）。播放指示器即在时间线上显示当前素材中某一帧的工具，此时在节目监视器窗口上可以预览到当前的画面。拖动播放指示器，节目监视器窗口上画面进行相应变化。

（二）解除视音频链接

在默认情况下，当素材被拖到时间线轨道上时，音视频是链接在一起的。对某部分进行选择、移动、扩展、缩放、分割等操作，整个素材也会进行相应的变化。在剪辑时，要把视频中出现的杂音，或者整段视频的声音去掉，此时就需要解除视音频链接。

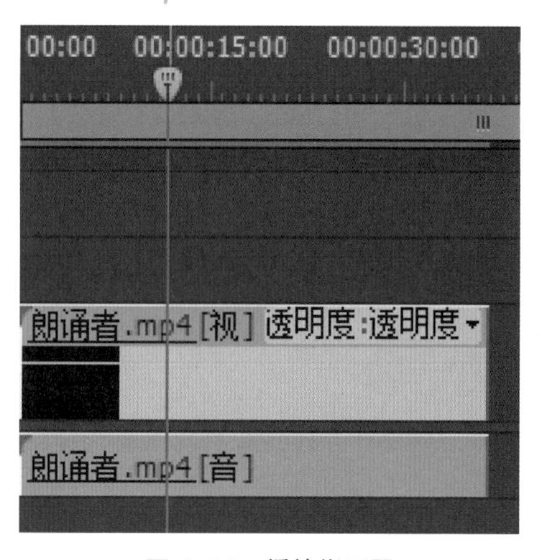

图 4-33　播放指示器

单击工具栏“选择工具 V”，选中视频，右击“解除视音频链接”（见图 4-34），可以解除音视频的链接关系。此时可以对当前音频、视频进行单独操作。

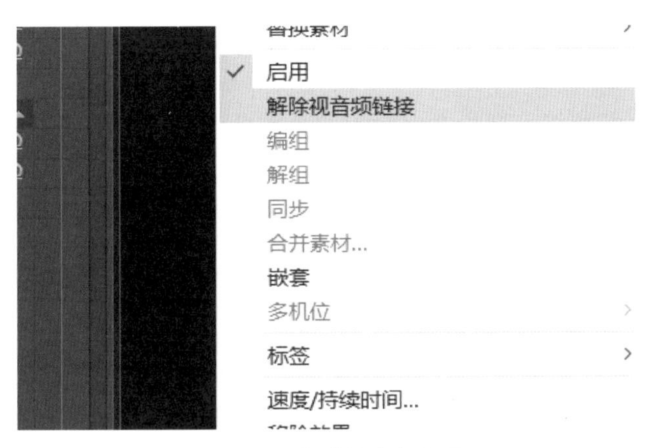

图 4-34　解除视音频链接

（三）更改素材

视频剪辑时，经常需要拖动素材位置、增大 / 缩短素材时间，以此达到完美效果（见图 4-35）。

1. 素材拖动

选择素材，鼠标左键点击图 4-35 中标示“1”部分，可左右拖动素材。

2. 删除、恢复素材

选中素材，鼠标左键点击图 4-35 中标示“2”部分，往左拖动，可删除素材后面的部分；往右拖动，可将已删除的素材恢复。

3. 变更视音频的速度

选中素材，单击鼠标右键，选择“素材速度 / 持续时间”（见图 4-36），或选择速率伸缩工具（X），更改素材速度。

图 4-35　拖动素材

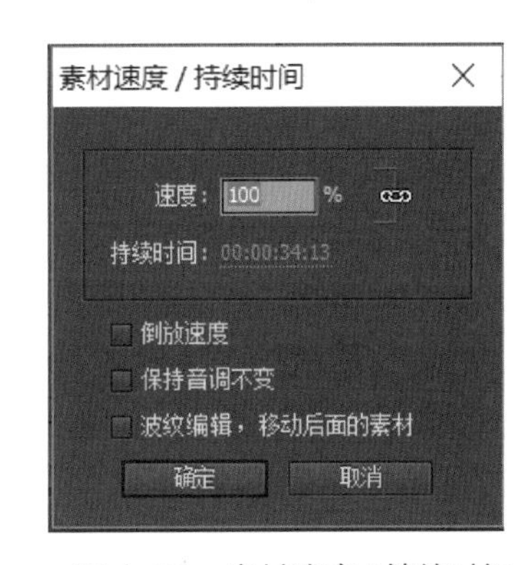

图 4-36　素材速度 / 持续时间

（四）视频剪辑

浏览素材，将播放指示器放在素材需要分割的地方，选中剃刀工具（C），在素材上沿着播放指示器单击鼠标右键，此时素材将被分割成两段。删除不要的部分，保留需要的部分即可。

剪辑原理

在素材上“要的部分”与“不要的部分”中间用切刀工具剪裁，再用选择工具点击“不要的部分”，删除即可，将“要的部分”往前拖回到零秒处。

（五）添加音频

双击项目窗口空白处，导入音频。将音频拖到音频轨道即可添加音乐（见图4–37）。默认情况下，Pr上有三个音频轨道，通常我们把音乐放在音频1。如果视频自带的声音占了音频1，就将音乐往下拖至音频2，以此类推。

图 4–37　添加音频

（六）添加或删除视频、音频轨道

每个时间线中，默认情况下包含三个视频轨道、四个音频轨道。在对素材进行编辑时，有时现有的轨道数量不够，就需要多增加几个轨道。

1. 添加轨道

鼠标右键单击轨道左侧区域，见图4–38（a）；从弹出的快捷菜单中选择“添加轨道”菜单项，见图4–38（b）；打开“添加视音轨”对话框，见图4–38（c），在其中输入添加轨道的数量，选择添加位置和音频轨道的类型。设置完毕，单击“确定”按钮，将按设置添加轨道。

2. 删除轨道

单击轨道控制区域，选中需要删除的轨道，每次可以指定一个视频轨道和一个音频轨道。执行菜单命令“序列”→“删除轨道”，打开“删除轨道”对话框，在其中选择删除目标轨道以及全部空闲轨道，如图 4–39 所示。设置完毕，单击“确定”按钮，将按设置删除轨道。轨道删除后，对应的素材片段也将从时间线中删除。

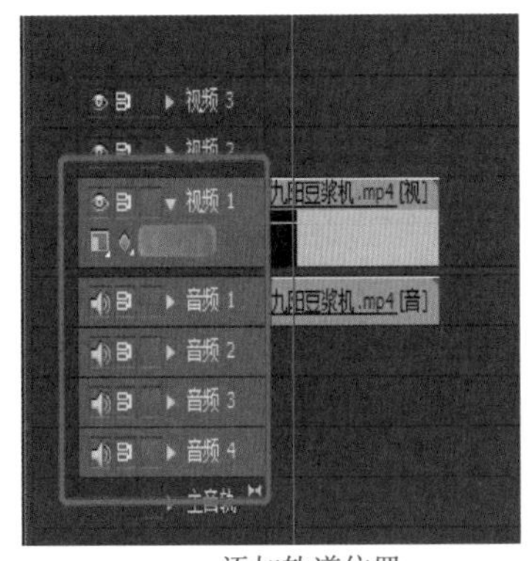

a. 添加轨道位置

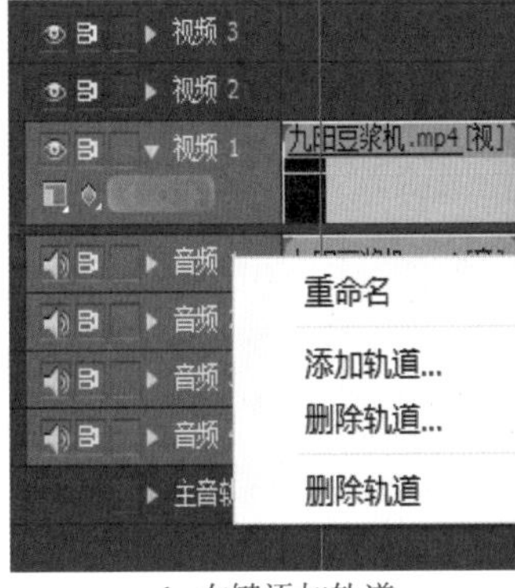

b. 右键添加轨道

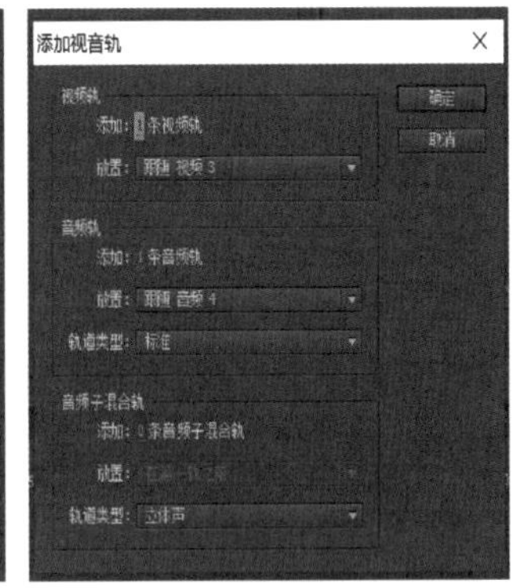

c. 添加视音轨

图 4–38　添加轨道

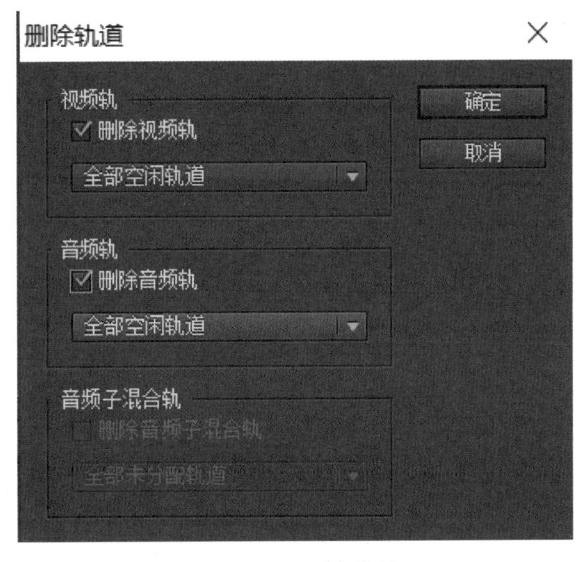

图 4–39　删除轨道

小任务

根据所学知识，对视频进行修改，要求：剪掉视频中拍摄花絮，解除音视频链接，为视频添加新的音乐。

素材位置：素材库中学习情境四小任务素材 4。

五、特效控制台

（一）关键帧调整视音频效果

选中时间线轨道上的素材，打开特效控制台窗口，通过添加关键帧的办法添加、修改视频特效，如图 4–40 所示。选中视频中要修改的地方，单击“位置”前码表 位置 （此时特效控制台右边出现菱形符号，即关键帧符号）设置位置参数，此参数可调整当前时间下视频在画面中的位置。单击透明度前码表，设置透明度参数。如图 4–41 所示，调整了位置、透明度、缩放。同理，可调节音频效果。

微课：特效控制台

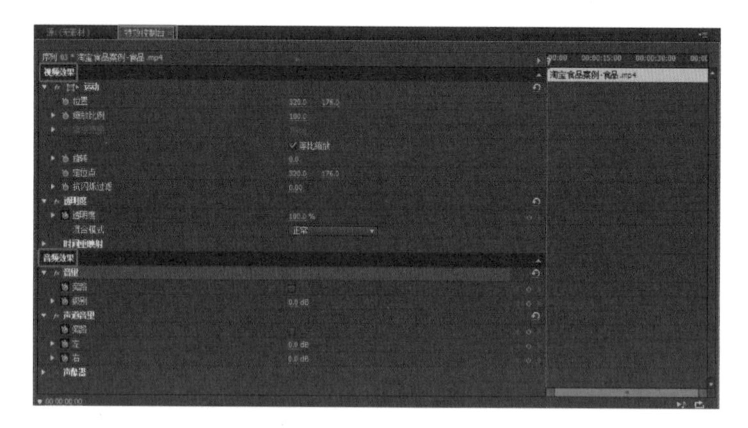

图 4–40　特效控制台

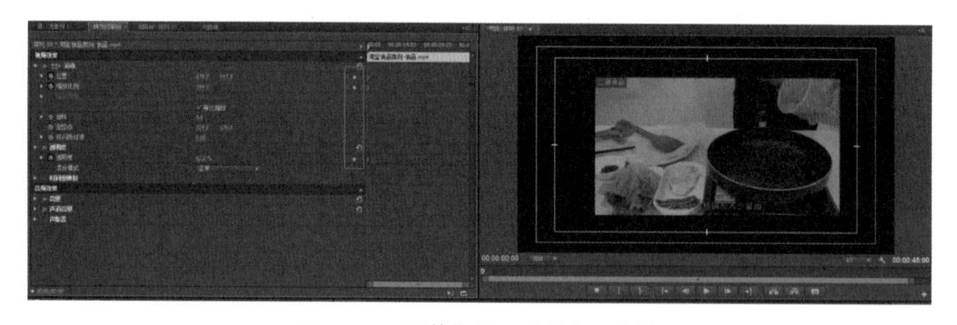

图 4–41　调整位置、透明度、缩放

（二）添加特效

在 Pr 左下角窗口中，打开效果窗口（见图 4–42），里面有海量音视频过渡、切换特效。选中符合需求的特效，并将其拖到素材上，可在节目监视器窗口观察特效的应用。在特效控制台上，针对添加的特效进行参数调节，达到最优效果。同理，可添加音频特效，调节音频。

图 4-42　效果窗口

如为视频添加放大特效，如图 4-43 所示，特效居中，放大了做好的手抓饼。调整“放大”特效的放大率、羽化、透明度，以达到最优效果，如图 4-44 所示。

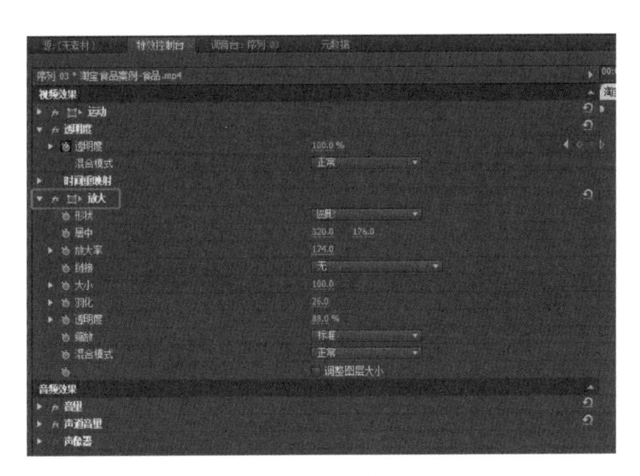

图 4-43　特效控制台放大效果

图 4-44　调整后的放大效果

小任务

根据所学知识，对视频进行修改。要求：

1. 在第 1. 10. 20 秒时添加关键帧，调整视频的缩放、透明度。

2. 在音频的开头结尾为音量添加关键帧，制作淡入淡出效果。

3. 为视频添加“高斯模糊”特效。

4. 素材位置：素材库中学习情境四小任务素材 5。

六、编辑字幕

一般质量好的视频都会有吸引人的声音，并配上相应的字幕。字幕的作用就是为视频增添光彩。

微课：编辑字幕

（一）新建字幕

在对产品视频进行编辑时，通常需要在视频上添加文字，让字幕在画面停留数秒，加强对产品的介绍，加深客户对产品的理解。这里就需要制作静态字幕。单击菜单栏“字幕”→“新建字幕”→“默认静态字幕”（见图 4-45）。

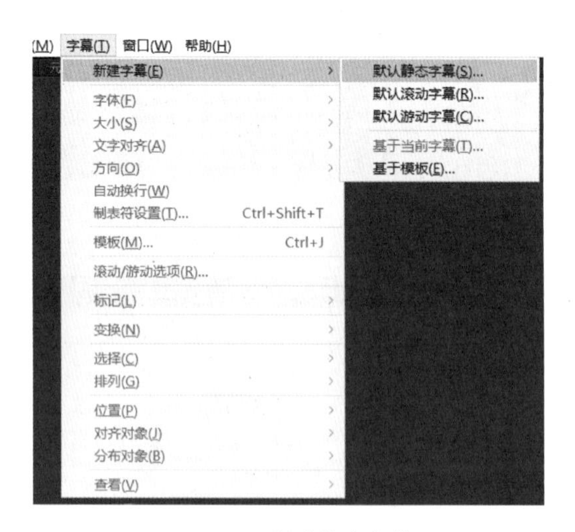

图 4-45　新建静态字幕

在弹出的新建字幕对话框中输入字幕名称（见图 4-46），单击“确定”。

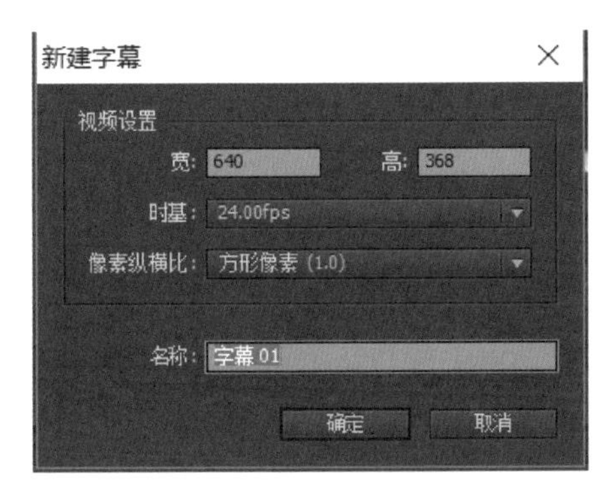

图 4–46　更改字幕名称

（二）字体设置

单击输入工具，在视频下方，文字安全框内输入字幕。选择合适的字体、大小、颜色，单击右上角关闭按钮，关闭后字幕就保存在项目窗口。拖动字幕到视频上方轨道 2，完成字幕编辑。拖入视频后，如果字幕颜色和素材颜色不搭配，在项目窗口双击字幕，进入字幕编辑窗口，在右侧“字幕属性”栏中可修改透明度、位置、字体、字体大小、行距、字距等（见图 4–47）。

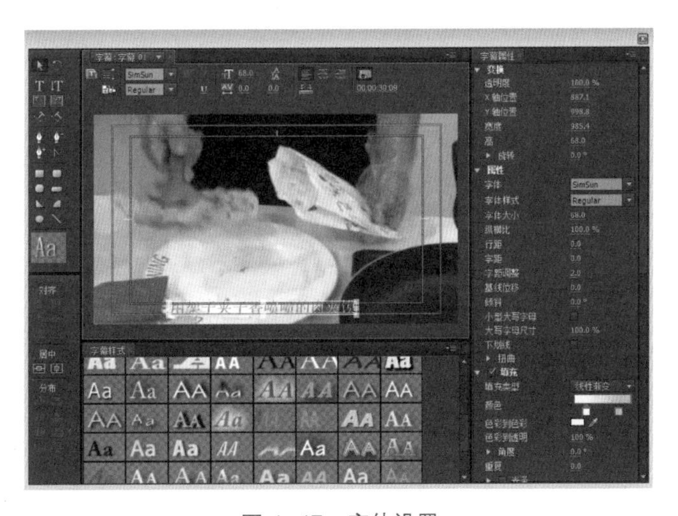

图 4–47　字体设置

小贴士

1. 输入文字后，可根据需要进行字体样式的选择。

2. 如出现乱码，请在右侧“属性”的“字体”下拉栏中找到“S”开头的字体（例如：Simsun），便可解决乱码问题。

（三）批量制作字幕

在对视频内容进行介绍时，通常有大段的字幕需要编辑。如果一个个新建、设置字体会比较麻烦，并且字体大小、位置可能会出现错乱。Pr 里“基于当前字幕新建”功能，可以解决这个问题（见图 4–48）。

图 4–48 基于当前字幕新建

点击“字幕”→“新建字幕”→“默认静态字幕”，打开字幕对话框，新建一个字幕，并设置字体为微软雅黑，字号为 50，添加描边。关闭窗口后字幕模板就保存好了。此时，单击窗口左边 T 形按键“基于当前字幕模板中新建字幕”，此时就可以从当前字幕模板中新建字幕，字幕位置、大小就跟模板一样了。

（四）字幕的添加

在项目窗口选中要添加的字幕，按住鼠标左键不放，将其拖到视频轨道 2，此时字幕添加成功，画面上出现“手抓饼”的字样（见图 4–49）。

图 4–49 添加手抓饼字幕

字幕做好后，系统默认保存 5:05 秒，观察时间线窗口可发现字幕只出现在视频前部分。如“手抓饼”字幕需贯穿整个视频，在视频 2 轨道选中字幕，将光标放在字幕后面，出现红色向左箭头，按住鼠标左键不放向后拖动到视频最后，就可为整个视频添加字幕。

小任务

根据提供的视频，为其添加解说词字幕，并在画面适当位置添加竖排文字，对产品内容进行强调。

素材位置：素材库中学习情境四小任务素材 6。

任务分析

剪辑前思考：

1. 该视频用竖版还是横版？学会竖版视频的制作方法。
2. 茶叶主题视频剪辑需做哪些准备工作？选用什么背景音乐或特效？
3. 茶叶主题视频如何剪辑？
4. 视频渲染时，对话框的数据如何设置？

任务决策

序号	任务分解	决策
1	设置手机竖版视频	适合手机观看，9:16
2	茶叶主题视频剪辑前期准备	熟读脚本，理解视频的内容 挑选视频素材 挑选背景音乐：古风配乐 挑选音效：倒水声
3	茶叶主题视频剪辑	根据脚本准确选取视频片段，添加背景音乐及特性
4	短视频渲染及导出	短视频渲染及导出的数据设置

任务实施

一、设置手机竖版视频（9:16）

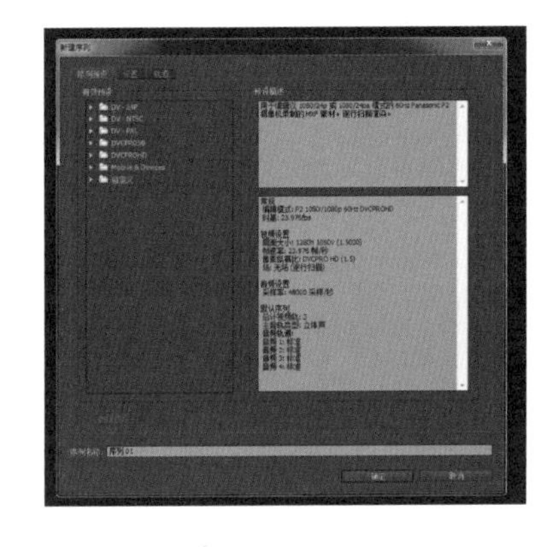

1. 打开 Pr 软件，来到“新建序列”的对话框。
2. 点击“设置”。

（1）编辑模式：自定义。

（2）画面大小：1080（水平），1920（垂直）。

（3）像素纵横比：方形像素。

（4）场序：无场（逐行扫描）。

（5）其他数据，默认即可。

（6）选做：为了方便我们以后使用此比例模板，可进行“储存预设”（名称：竖版视频，预设描述：适合手机观看，9:16）。

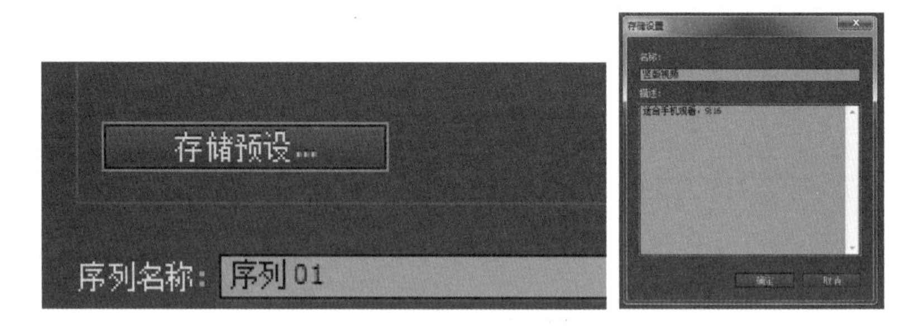

（7）回到“新建序列”版面，点击“自定义”→“竖版视频”→“确定”。

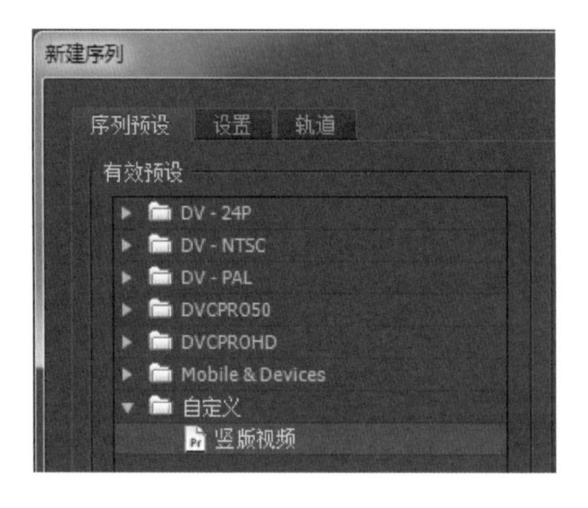

（8）此时，即可进入 Pr 的主界面，如果界面凌乱，可回到“一、优化软件”参看，进行界面设置。

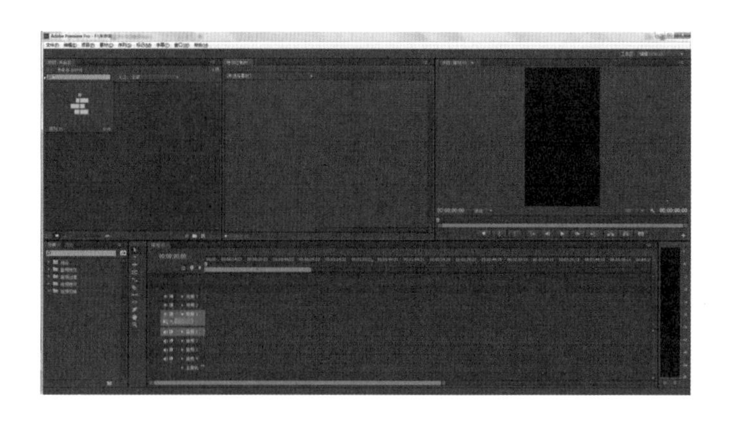

二、茶叶主题视频剪辑前期准备

1. 脚本。

脚本是剪辑视频的根据，不管是前期拍摄还是后期剪辑，都需要根据脚本的要求进行操作。后期剪辑，则主要是参看脚本的“画面内容”与“视频时长”。

镜号	画面内容	视频时长（s）
1	整套茶具站立展示，重点突出“龙井茶”罐	5

2. 视频素材。

前期根据脚本完成拍摄的视频，每一个视频只有那么一小段（几秒）符合脚本的内容，其他的内容则是无用的，后期剪辑的目的便是“留下有用的，删除无用的”内容。为方便剪辑，编者已根据脚本的“镜号”重命名对应的视频素材。

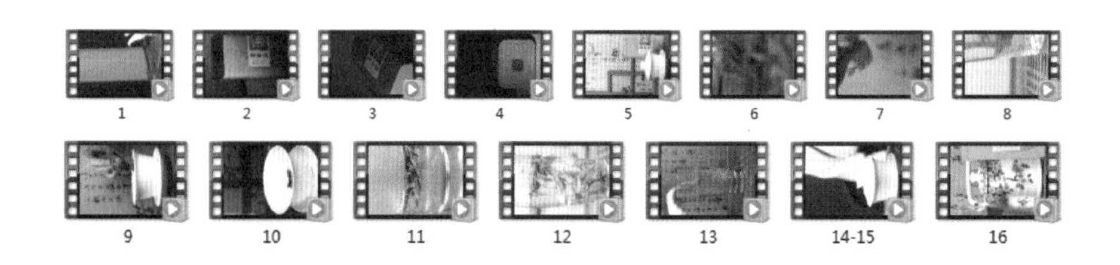

3. 音乐。

音乐是策划阶段便需要考虑的素材，哪怕是无法确定具体音乐，也需要考虑视频对应的音乐风格。针对“茶叶”主题，我们选用了典型的中国风元素音乐。

4. 音效。

这里的音效特指除音乐和人声配音以外的声音，是指为增进场面的真实感、渲染氛围而使用的声音。针对“茶叶”主题，从脚本可看出有“倒茶水”的场景，那么这里我们便需要准备“倒水”的声音特效。

三、茶叶主题视频剪辑

1. 在“项目”区新建文件夹。

鼠标放置“项目”区，右击，新建文件夹，进行视频素材重命名。

2. 导入素材到“项目”。

打开文件夹，点击“文件”→“导入”（快捷键：CTRL+I）或者是在电脑文件夹处选中文件，拖拽视频素材到“项目”区的“文件夹”里。

3. 将视频素材的“1”拖拽到编辑区的视频 1“保持现有设置”。

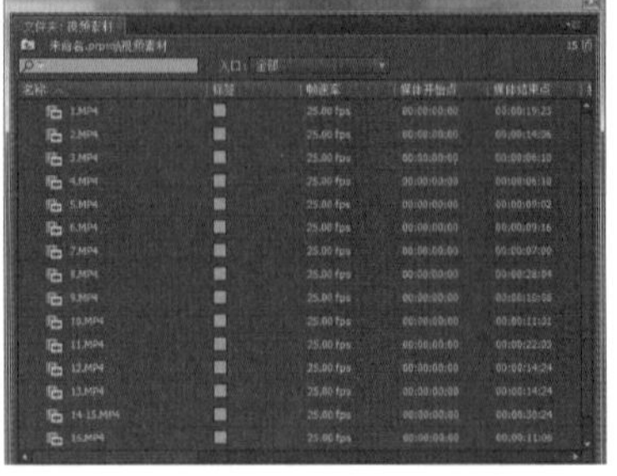

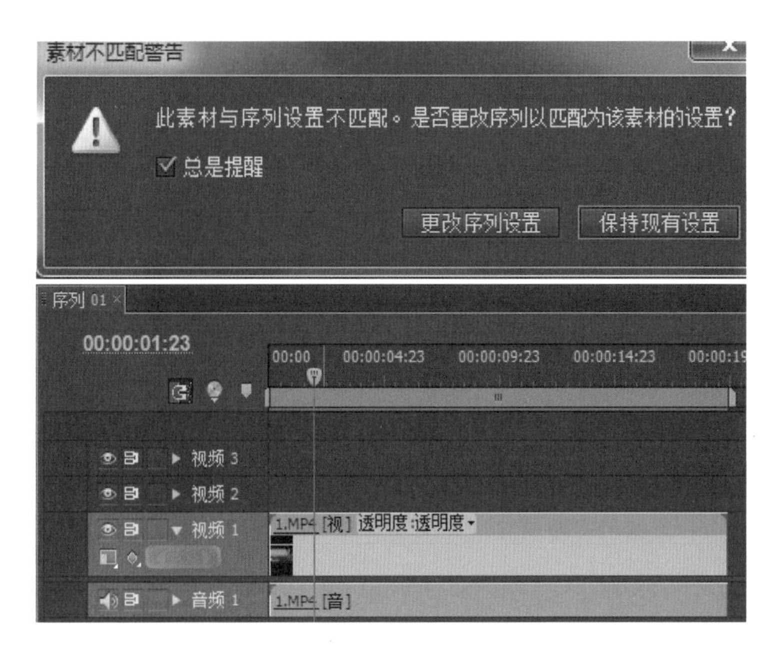

4. 解除视音频链接，点击工具栏的“选择工具”（快捷键 V），然后选中视频 1 的素材“1”，鼠标右击“解除视音频链接”，选中音频 1 的素材，按 DELETE 键可将音频（杂音）删除。

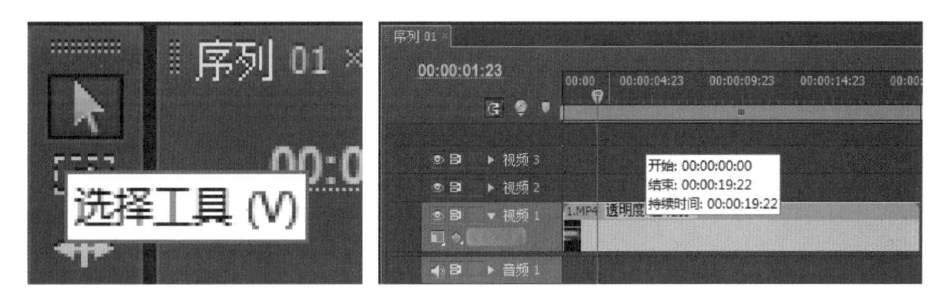

5. 特效控制台数据设置。点击素材 1，在“特效控制台”中点击“fx 运动”前的“小三角”（绿色框），设置旋转“90°”（红色框），此时节目：序列 1（预览区）的视频将被旋转 90° 。

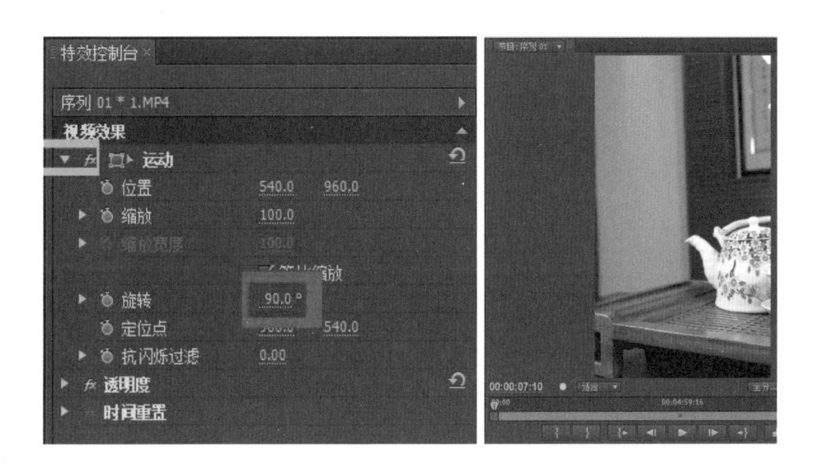

6. 研读脚本。

仔细研看脚本内容。

镜号	画面内容	视频时长（s）	景别	拍摄方式	拍摄角度
1	整套茶具站立展示，重点突出“龙井茶”罐	5	近景	左→右移动拍摄	平拍

7. 观看视频素材 1。根据上表镜号 1 的内容，我们在“视频 1”的素材 1 中慢慢拖动观看，看哪一段视频的内容符合脚本以下要求：

· 整套茶具站立展示，重点突出“龙井茶”罐；

· 视频时长：约 5 秒；

· 景别：近景；

· 拍摄方式：从左往右移动拍摄；

· 拍摄角度：平拍。

例如：在素材 1 中，根据脚本的要求，在整段素材共有 19 秒 22 的时长下（00:00:19:22），我们可发现从 00:00:10:00 到 00:00:14:22（即 10 秒与 14 秒 22 之间，约 5 秒）是符合脚本的内容。

8. 裁剪视频。选中剃刀工具（快捷键 C），在 00:00:10:00 和 00:00:14:22 处，分别裁剪一刀，便可将素材裁剪成 3 段。

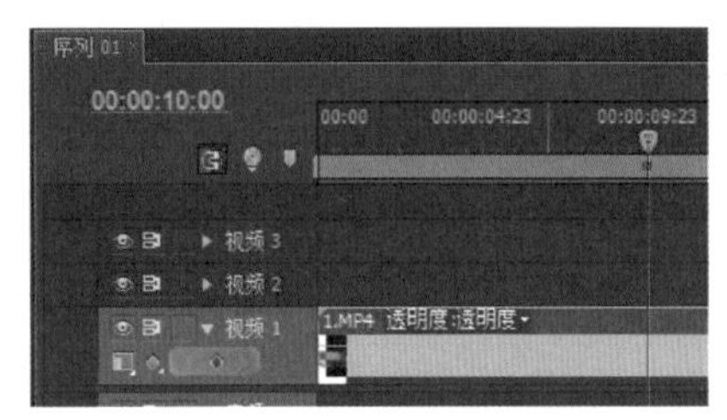

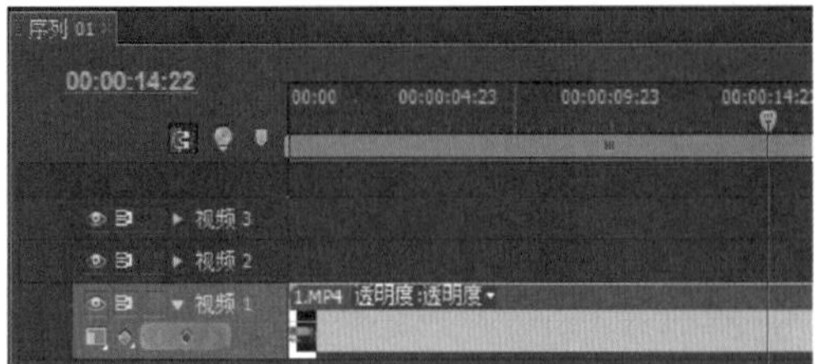

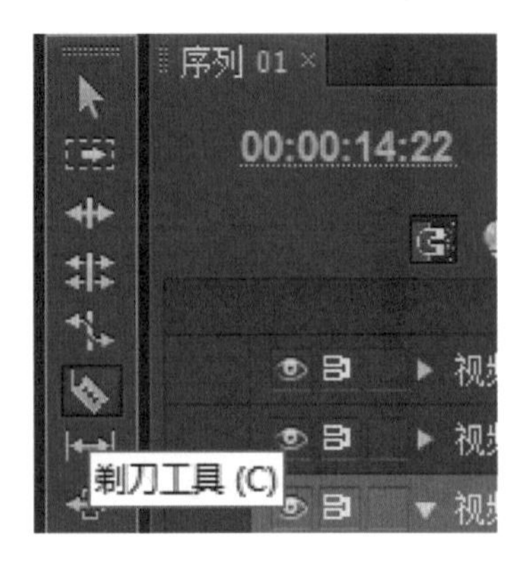

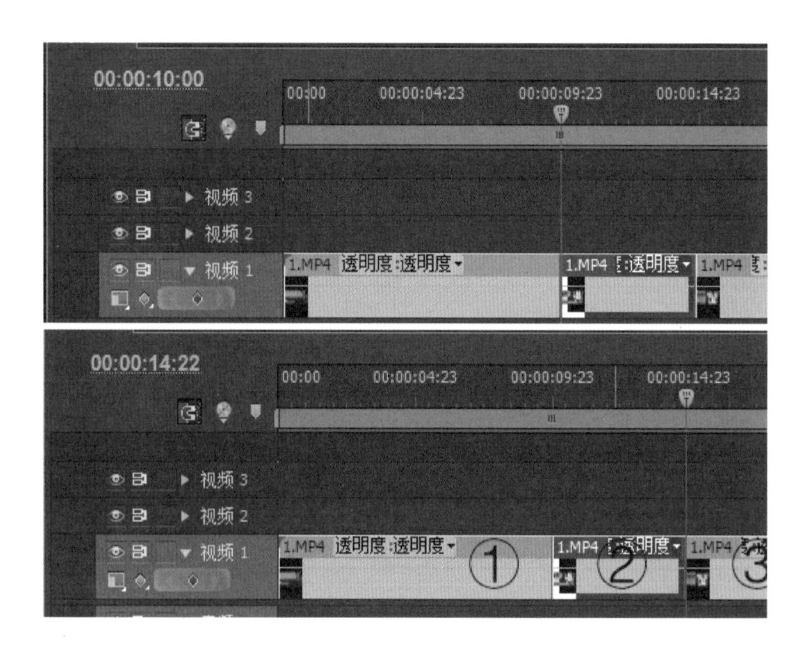

9. 删除无用时段，留下目标时段。将上图中的时段①和③删除（DELETE 键），将②拖回到 0 秒处。

10. 裁剪第二个视频素材。根据脚本要求，第二个素材重复操作上面步骤 3 ～ 9 的操作。务必研读脚本内容（步骤 6）以及参看视频内容（步骤 7）。

11. 裁剪余下视频素材。在文件夹中，选中第三个素材，按着 SHIFT 键，选中最后一个视频素材（将余下所有视频全部选中），一并拖至剪辑区。

12. 点击素材 1，点击特效控制台“fx 运动”，将素材 1 视频旋转 90°。

13. 将余下视频旋转 90°。

在编辑区同时选中素材 3 ~ 16，按下 CTRL+V，将素材 1 的数据设置（旋转 90°）复制粘贴到素材 3 ~ 16 上，此时素材 3 ~ 16 的所有视频由横屏变为竖屏（以素材 5 为例）。

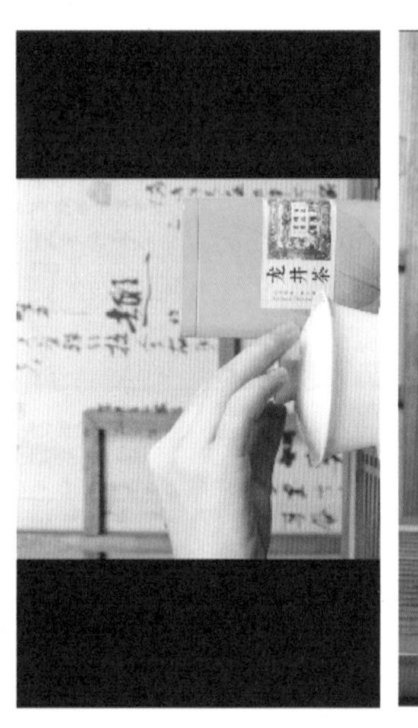

14. 将余下视频解除视音频链接。

继续选中素材 3 ~ 16，右击“解除视音频链接”，选中素材 3 ~ 16 的所有音频，按删除键，即可将余下所有音频（杂音）删除。

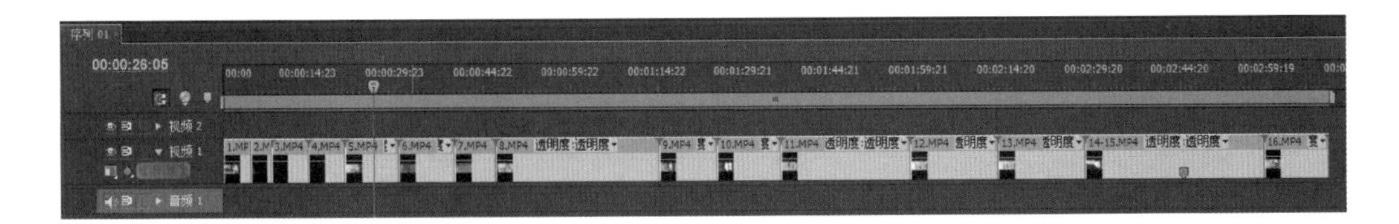

15. 裁剪视频素材 3 ~ 16。

根据脚本，逐个重复上面 6 ~ 9 步骤，即可裁剪余下所有视频。

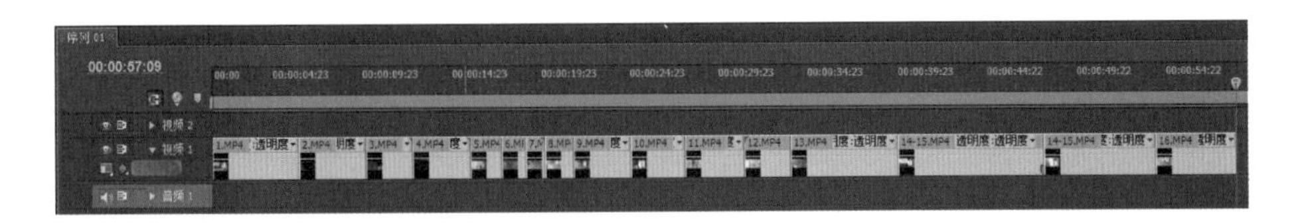

已裁剪的素材时长需与脚本要求符合，约 57 秒。

小贴士

在视频剪辑中，我们经常会遇到这种情况：视频编辑到一半，但是有其他事或者怕电脑死机，导致中断操作。为了避免丢失文件，可以按照“项目—项目管理—（浏览：保存位置）—确定”的路径进行操作，下一次操作只需到文件所在位置打开 Pr 即可。

16. 导入音乐与音效。

点击“项目”区，按照步骤 2 的方法将文件“音乐 – 古风配乐 .wav”和“音效 – 倒水声 .mp3”两个文件导入“项目”区。

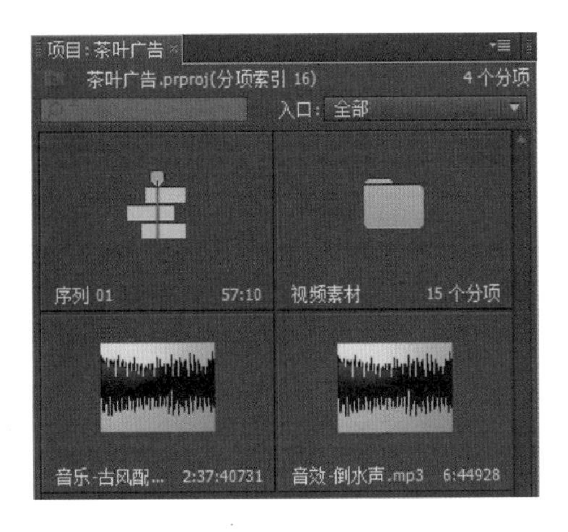

17. 音乐的剪辑。

将“音乐 – 古风配乐 .wav”拖拽到“音频 1”，点击“音频 1”前面的小三角，此时我们可以“看见”音乐。

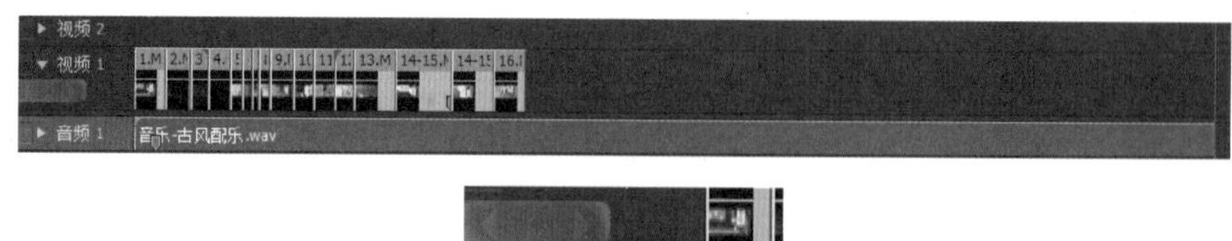

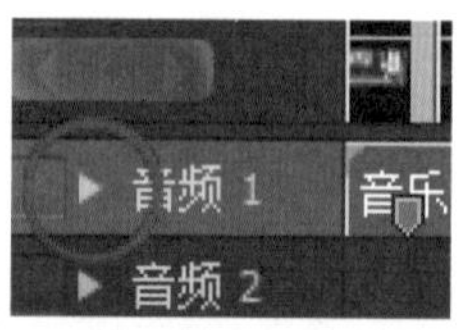

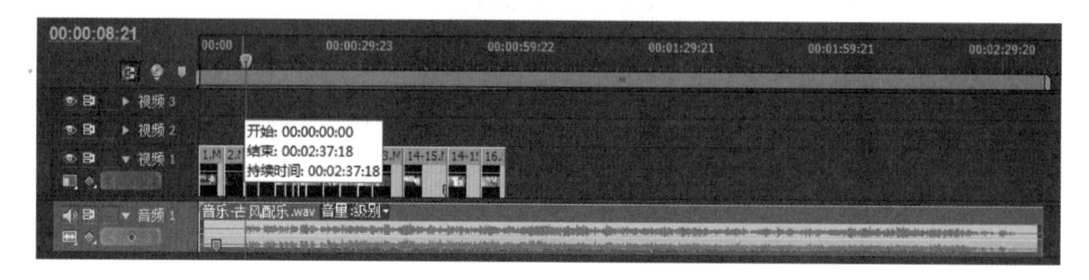

前 8 秒是没有声音的，所以选中“剃刀工具”(快捷键 C）在此处裁剪一刀，切换到“选择工具”（快捷键 V）将音频往回拖到 0 秒处。

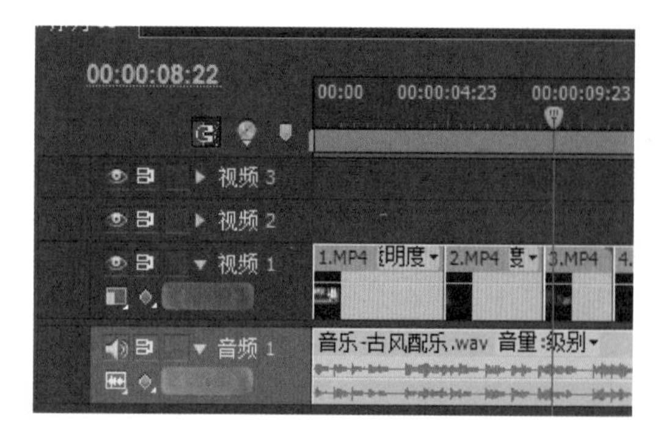

将时间线拖到视频的最后，将此处对应的音频 1 切断，并将后面的音段删除。此时，视频与音频有相同时长。

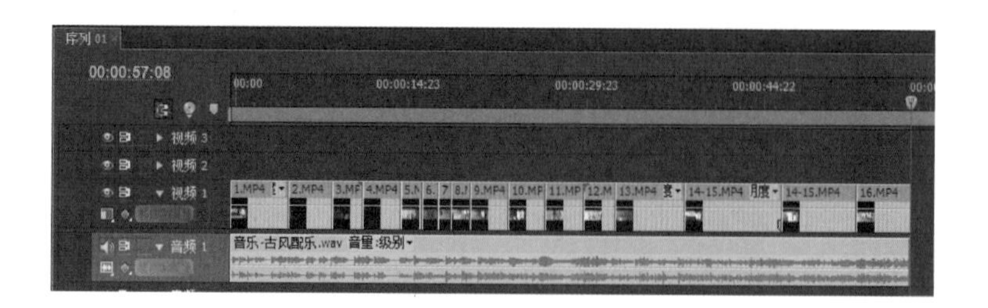

18. 音效的剪辑。

将“音效－倒水声 .mp3”拖拽到音频 2 第 24 秒处（00:00:24:09，此处请以具体视频剪辑为准，目的是将音效与“倒水”视频内容对应），点击“音频 2”前面的小三角，此时可以“看见”音效。

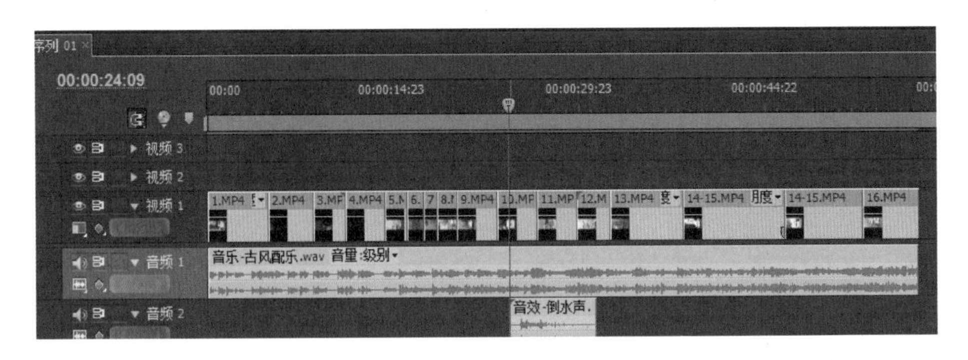

选中钢笔工具（快捷键 P），并在“音效 – 倒水声 .mp3”对应音频 1 上的黄线点击出现 4 个点（①②③④），在“音效 – 倒水声 .mp3”上点击出现两个点（⑤⑥）。

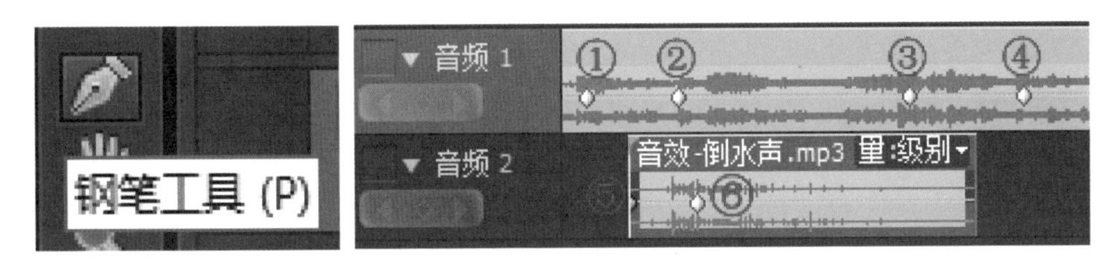

鼠标点击序号②不放手，往下拖动；接着同样操作序号③、⑤。序号②、③的操作目的是让音频 1 的声音变小（淡出），序号⑤的操作目的是让音效声音渐渐进入（淡入），不会显得太突兀。当音效倒水声音出来时，音乐声音就变小；当音效倒水声音结束时，音乐声音渐渐恢复原声音大小）。

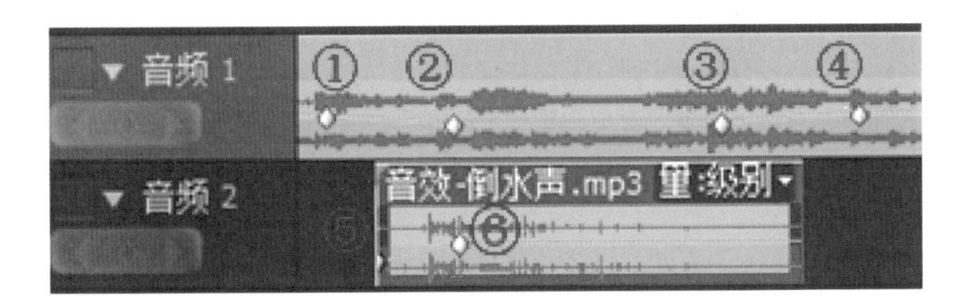

在视频大约 39 秒处同样有倒水的镜头（茶水倒入透明玻璃杯中），请按步骤 18 进行一样的操作实现“音效 – 倒水声 .mp3”的插入。此时，整个茶叶视频完成剪辑。

四、视频渲染及导出

1. 根据“文件—导出—媒体”的路径（CTRL+M）进行视频渲染，即可出现渲染视频的原始对话框。

2. 导出数据设置。

格式：H.264。

输出名称：重命名为“茶叶视频”。

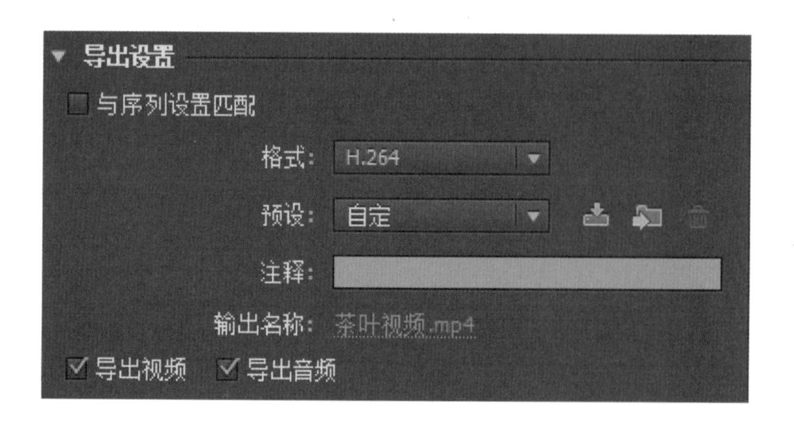

3. 视频设置。

· 将红色方框的“锁链”去掉，然后将宽度改为：1080；高度：1920（此比例即是手机竖屏视频，9:16）。

· 帧速率：23.976。

· 场类型：逐行（扫描）。

· 纵横比：方形像素（1.0）。

· 电视标准：NTSC。

· 比特率编码：VBR，2 次或 VBR，1 次皆可。

· 目标比特率与最大比特率都是默认数据，目标比特率越小，则视频像素越低。

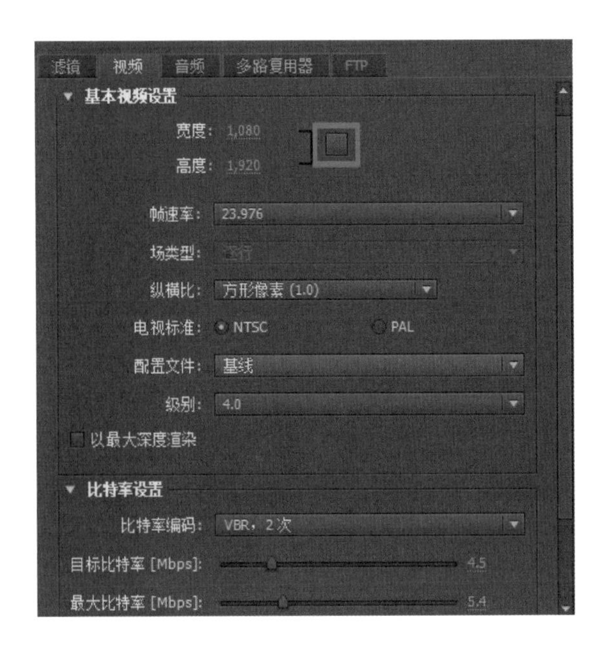

4. 完成以上操作，即可“导出”视频。

同步实训

将拍好的龙井茶知识分享类短视频素材，根据脚本进行剪辑。

要求：

1. 熟读脚本，根据视频的内容挑选视频素材、背景音乐、音效。
2. 能够根据脚本准确选取视频片段，运用剪辑工具对视频素材进行剪辑。
3. 学会把控音乐与音效，能添加背景音乐及特效。

4. 能够进行短视频渲染及导出的数据设置。

情境考核

龙井茶情景剧类（工夫茶的展示过程）短视频剪辑

1. 实训目的

运用本次课程学习到的知识进行视频剪辑。

2. 实训准备

（1）以个人为单位，进行实操。

（2）熟读脚本。

（3）视频素材。

（4）音乐与音效素材。

3. 考核任务

根据前两个学习情境考核写好的脚本和拍摄好的龙井茶情景剧类（工夫茶的展示过程）短视频素材，以及本情境学习到的技能知识，进行视频剪辑。

4. 任务步骤

（1）理解工夫茶的文化。

（2）理解工夫茶泡茶过程中的注意点。

（3）掌握泡茶过程中主要突出的地方。

（4）泡茶过程需要软性植入广告。

（5）视频与音乐的有效搭配。

（6）剪辑工具的运用。

5. 任务实施

（1）熟读脚本，根据视频的内容挑选视频素材、背景音乐、音效。

（2）能够根据脚本准确选取视频片段，运用剪辑工具对视频素材进行剪辑。

（3）学会把控音乐与音效，能添加字幕、背景音乐及特效。

（4）能够进行短视频渲染及导出的数据设置。

6. 考核评价

1. 作品评价（70 分）					
评价指标	分数	评价说明	自我评价	小组评价	教师评价
界面的熟悉程度	10 分	按照“优化软件”的内容要求评价			
素材的导入	10 分	能够正确导入不同类型素材并合理存放			

续表

剪辑工具的运用	10分	剪辑工具的熟悉以及快捷键的使用			
特效控制台的操作	10分	特效控制台的数据设置			
字幕的编辑	10分	熟悉选用不同字体以及批量输入字幕			
音乐与音效剪辑	10分	插入适当的音乐以及在对应的画面处插入音效			
视频渲染的数据设置	10分	视频渲染对话框的数据设置			
2. 完成态度（30分）					
职业技能	10分	符合工作需求，能够拓展相关知识，并通过新颖独特的形式加以展示			
工作心态	10分	抱有信心，努力做好工作，能完成工作			
完成效率	10分	在规定时间内按质按量地完成任务			
计分					
总分（按自我评价30%、小组评价30%、教师评价40%计算）					

学习情境五 短视频运营（淘宝）

情境导入

通过学习情境四的学习，已完成短视频的制作，一品茶旗舰店运营员把该短视频投放到淘宝平台进行运营，并对生意参谋后台的视频数据进行分析，指出短视频的优缺点及改进意见。

学习目标

知识目标

掌握淘宝短视频的运营知识。

技能目标

掌握淘宝短视频的运营技巧及数据分析方法。

思政目标

通过短视频的发布、运营，学生能感知短视频的优点和缺点，明白需改进之处。

知识探究

短视频运营主要是利用抖音、微视、火山、快手、电商等平台进行产品宣传、推广的一系列营销活动。通过运营与商品、品牌相关的优质视频内容，向买家广泛或者精准推送消息，提高商品、品牌的知名度，从而充分利用粉丝经济，达到相应营销目的。

一、淘宝短视频的形式

短视频让买家看到场景、听到声音，相比主图、详情页的静态图，短视频展示更加生动，展示的内容更加广泛、方法更加新颖。短视频直观地展示产品的特点、功能，更全面地展示宝贝的细节，可以提高宝贝的转化率。淘宝短视频主要在店铺首页、商品主图、商品详情页、搜索页、首页猜你喜欢、购物车中的猜你喜欢、微详情、订阅、逛逛等位置展示。

主图短视频（见图 5–1）、商品详情页短视频：淘宝店铺完善主图、商品详情页视频，会提升店铺的免费流量，也会得到更多的官方资源。

搜索页短视频（见图 5–2）：手淘首页搜索框输入关键词后显示的页面。

图 5–1　主图短视频

图 5–2　搜索页短视频

首页猜你喜欢短视频（见图 5-3）、购物车中的猜你喜欢（见图 5-4）短视频：首页、购物车下方的猜你喜欢模块。

图 5-3　首页猜你喜欢短视频　　图 5-4　购物车中的猜你喜欢短视频

微详情短视频（见图 5-5）：是买家在首页猜你喜欢模块点击感兴趣的宝贝后进入的页面，网站基于兴趣与偏好为买家推荐个性化商品，提供边逛边买的沉浸式商品浏览体验。

订阅短视频（见图 5-6）：订阅是微淘的升级，旨在提升店铺自身流量。

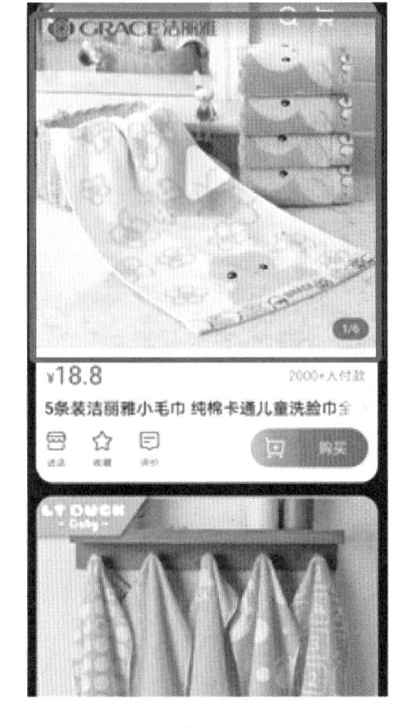

图 5-5　微详情短视频　　图 5-6　订阅短视频

逛逛短视频（见图 5–7）：逛逛的前身是洋淘买家秀，分为关注和发现，发布有用、有趣、潮流、新奇的内容。

图 5–7　逛逛短视频

二、淘宝短视频的要求

（一）短视频内容要求

短视频内容不能违反影视行业相关法律法规，不得出现淘宝平台交互风险信息管理规则禁止的信息，不得出现违反广告法的信息，须遵守《阿里创作平台管理规则》，符合社会主义核心价值观。

（二）短视频基本要求

（1）尺寸：16∶9 或 3∶4 或 9∶16 画幅比例的视频。视频如果要用在主图场景，请勿上传 9∶16 画幅的视频。

（2）时长：9 秒～ 10 分钟，建议使用 30 秒～ 1 分钟时长的视频，节奏明快有助于商品成交。

（3）文件大小：支持 300M 以内的视频上传。

（4）支持格式：*.mp4。

（5）视频清晰度：720P 高清及以上。

（6）无水印、无二维码、无片头片尾、无牛皮癣、无外部网站及店铺 Logo。

（7）视频必须与商品相关，突出卖点，谢绝纯娱乐（如手势舞）、搞笑段子类视频，内容不建议使用电子相册式的图片翻页视频等。

（8）视频整体节奏明快，画面明亮清新，无意义虚假、夸大效果的内容。

小任务

请你查查广告法的相关资料，明确广告法的禁用词。

三、淘宝短视频的发布

淘宝短视频的发布路径：千牛卖家工作台→店铺管理→图片空间→素材中心→视频→发布新视频（见图 5-8）。

图 5-8　视频发布

四、淘宝短视频的运营技巧

（1）封面图：2 张（视频同画幅比例 1 张，正方形 1 张），清晰美观有吸引力，吸引买家点击。

（2）标题：7 ～ 16 字，提炼卖点，表达视频亮点，不可随意填写无关信息，可以设置悬念让买家产生好奇，吸引买家点击观看。

（3）发布视频的同时勾选同步微淘、推送群聊等，联动粉丝，积累数据。

（4）发布视频的同时添加互动玩法，建议添加关注有礼或答题抽奖。

小任务

将自己做的短视频发布到淘宝平台自己的店铺中。

五、淘宝短视频的数据分析

淘宝短视频的运营情况可以通过短视频数据进行了解，可以点击“生意参谋”→“内容”→“短视频分析”进行查看，图 5–9 展示了全屏页视频单条效果的分析项目。

图 5–9　淘宝短视频数据分析

短视频数据分析主要关注以下几个数据：

吸引力数据：播放次数、点击率、完播率、人均观看时长（秒）。如果人均观看时长短，说明没有吸引买家，可以从倒计时宝箱、答题互动等方面延长观看时长，或者重新思考视频内容的表达方式。

互动力数据：视频互动数据，如点赞、收藏、评论、转发数据（见图 5–10）。如果互动数据比较低，可以从口播引导、转发群帮助点赞等方面改进。

转粉力数据：买家关注数据；提高目标人群的关注率。

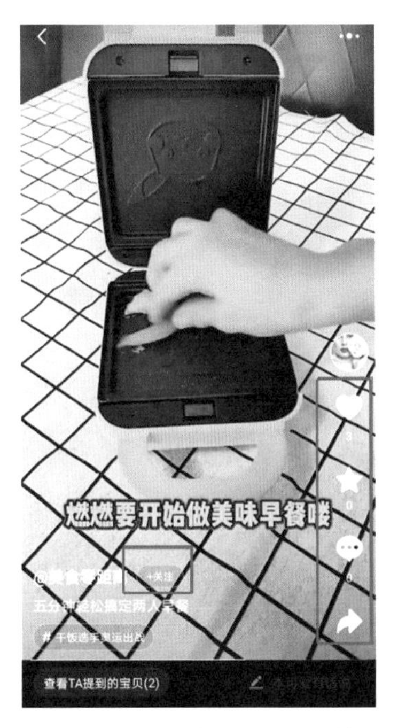

图 5-10 淘宝短视频互动数据

引导力数据：周期引导进店、引导加购人数、引导加购件数等数据，可以在商品包裹、卡片上加视频二维码，引导买家观看。

小任务

为以下商品的头图视频效果进行分析，提出优化意见。

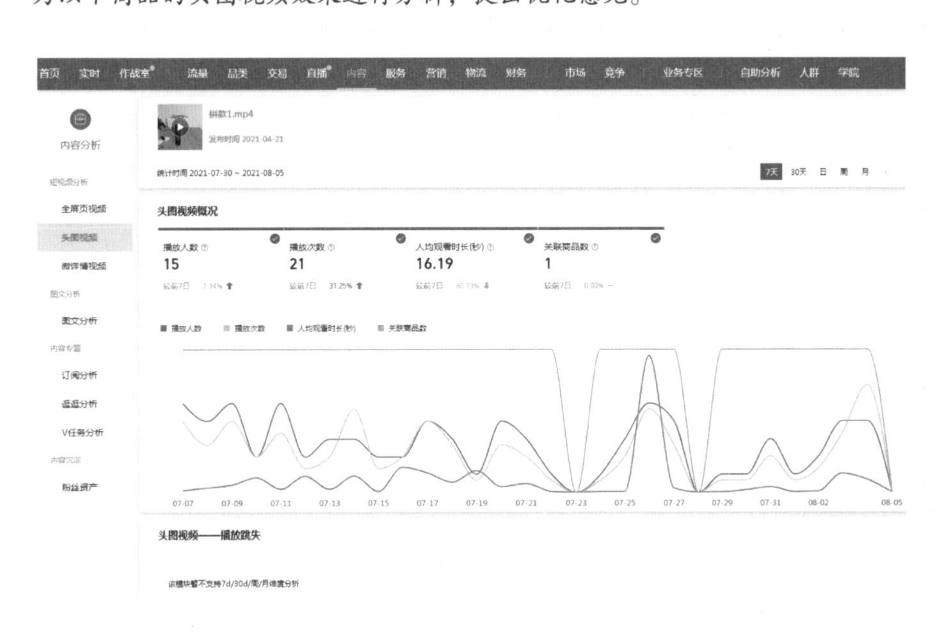

分析：

优化意见：

任务分析

小组讨论：

1. 视频领域是哪个？
2. 视频类型是哪种？
3. 添加哪些普通商品？
4. 添加哪些活动权益？
5. 怎样撰写短视频的标题？
6. 视频封面用哪个画面？
7. 视频内容类型是什么？
8. 视频内容领域是什么？

任务决策

序号	任务分解	决策	执行人
1	确定视频领域	健康养生	小明
2	确定视频类型	商品展示	小华
3	确定添加哪些普通商品	茶杯	小红
4	确定添加哪些活动权益	答题互动	小冬
5	确定短视频标题	健康茶	小明
6	确定视频封面	泡茶的正面图	小华
7	确定视频内容类型	健康养生	小红
8	确定视频内容领域	单品展示	小冬

任务实施

1. 登录千牛卖家工作台，点击“店铺管理”→“图片空间”→“素材中心”→“视频”→“发布视频”，打开阿里创作平台，点击左侧“淘宝短视频”→“视频发布”。

2. 根据所属的行业 / 类目领域，选择最上面的“视频领域”，然后根据制作好的视频具体内容，选择想要发布的“视频类型”。点击“选择该类型”即可发布视频。

3. 选择要上传的视频，为视频添加商品和互动权益，可以带动转粉、成交（非必填）。

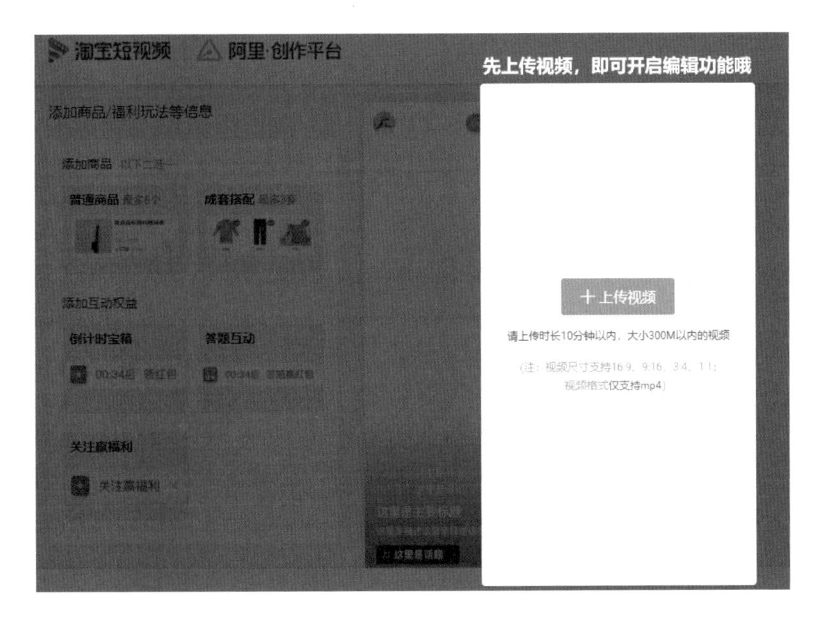

根据活动要求或者实际情况添加宝贝和互动玩法，如果视频仅在自己店铺展现，可以不填；如果想要获得公域流量，至少添加 1 个宝贝及玩法。添加完商品或者互动权益后，点击右侧的“保存”按钮，并“刷新预览码”，进行预览。

（1）商品添加。

普通商品：可以添加 1 ～ 6 款商品，通过最下方的进度条可以控制每款商品出现的时间与出现的时长；视频播放到某个时间点时，会根据设置弹出对应的商品卡片。插入商品成功后，需配置商品弹出时间及持续时间；可以拖动组件或直接在右侧输入时间；建议商品弹出时间至少保持 5 秒以上时间；如有多个商品，继续添加即可。

（2）添加互动权益。

互动权益	作用	说明
倒计时宝箱	互动抽奖倒计时	店铺需要配置优惠券才能配置倒计时宝箱功能
答题互动	提升视频互动率和进店率	问题的设置不要漫无目的，要与商品、创作者、品牌相关，提高用户对视频、品牌、创作者的兴趣
关注赢福利	引导新用户关注账号的工具，已关注的账号无法查看到	权益福利包含：淘金币、店铺优惠券（包含渠道专享以及全网推广券）、商品优惠券（全网推广券）、红包

4. 为视频添加标题、封面图等信息，帮助视频在手机淘宝公域获得流量。

填写视频基础信息

【重要公告】素材中心视频上传、主图视频发布也升级啦！立即了解>

视频

请上传画幅比例为1:1、16:9、9:16、3:4(如需装修到主图请不要使用9:16画幅)，清晰度高清(720P)及以上的视频，视频时长控制在9秒-10分钟(建议时长在3分钟以内)，大小300M以内。视频封面图与视频比例相同。详细要求请查看>>

标题 标题技巧>

0/16

请用第一人称简述主题和推荐理由，尽量通俗易懂。（前12个字可能会应用于淘宝各渠道标题展示，注意精练哦）

视频封面 看封面要求>

5. 可以把视频推送到群聊，增加粉丝播放量。

同步实训

将学习情境四同步实训制作完成的龙井茶知识分享类视频发布到淘宝平台。

一、视频发布

确定上传龙井茶知识分享类视频需要的任务，并把结果填写在下表中。

序号	任务分解	决策
1	确定视频领域	
2	确定视频类型	
3	确定添加哪些普通商品	
4	确定添加哪些活动权益	
5	确定短视频标题	
6	确定视频封面	
7	确定视频内容类型	
8	确定视频内容领域	

二、上传短视频

1. 登录阿里创作平台，点击“视频发布”。

2. 根据所属的行业 / 类目领域，选择“视频领域”，然后根据制作好的视频具体内容，选择想要发布的“视频类型”。

3. 选择要上传的视频，为视频添加商品和互动权益。

4. 为视频添加标题、封面图等信息。

5. 可以把视频推送到群聊，发布成功。

三、查看发布视频的数据，并分析数据，完成下表

	数据分析（各项数据是否达到预期目标、原因）	改进（根据数据反馈，分析总结视频拍摄和运营的问题）
播放次数		
视频互动次数		
商品点击次数		
人均观看时长		

情境考核

龙井茶情景剧类（工夫茶的展示过程）短视频淘宝运营

1. 实训目的

掌握短视频的淘宝运营。

2. 实训准备

（1）组队：以小组为单位，4～6人一组，并选出一名组长，分配好组员的工作。

（2）用具：龙井茶情景剧类（工夫茶的展示过程）短视频。

3. 实训任务

将学习情境四完成的龙井茶情景剧类（工夫茶的展示过程）短视频发布到淘宝平台。

4. 任务步骤

（1）短视频发布前准备。

（2）上传短视频。

（3）查看发布视频的数据，并分析数据。

5. 任务实施

（1）视频发布前准备。

确定上传龙井茶短视频需要的内容，并把结果填写在下表中。

1	确定视频领域	
2	确定视频类型	
3	确定添加哪些普通商品	
4	确定添加哪些活动权益	
5	确定短视频标题	
6	确定视频封面	
7	确定视频内容类型	
8	确定视频内容领域	

（2）上传短视频。

1）登录阿里创作平台，点击“视频发布”。

2）根据所属的行业 / 类目领域，选择“视频领域”，然后根据制作好的视频具体内容，选择想要发布的“视频类型”。

3）选择要上传的视频，为视频添加商品和互动权益。

4）为视频添加标题、封面图等信息。

5）可以把视频推送到群聊，发布成功。

（3）查看发布视频的数据，并分析数据，完成下表。

	数据分析（各项数据是否达到预期目标、原因）	改进（根据数据反馈，分析总结视频拍摄和运营的问题）
播放次数		
视频互动次数		
商品点击次数		
人均观看时长		
关注数		

6. 考核评价

1. 作品评价（50分）					
评价指标	分数	评价说明	自我评价	小组评价	教师评价
短视频发布前准备	15分	短视频上传前需要确定的内容准确合理			
短视频上传	15分	短视频上传步骤无误			
短视频运营数据	20分	数据记录及分析合理			
2. 完成态度（30分）					
职业技能	10分	符合工作需求，能够拓展相关知识，并通过新颖独特的形式加以展示			
工作心态	10分	抱有信心，努力做好工作，能完成工作			
完成效率	10分	在规定时间内按质按量地完成分配的任务			
3. 团队合作（20分）					
沟通分析	10分	主动提问题，快捷有效地明确任务需求			
团队配合	10分	快速地协助相关同学进行工作			
计分					
总分（按自我评价30%、小组评价30%、教师评价40%计算）					

短视频运营（抖音）

情境导入

一品茶旗舰店想把已制作完成的短视频投放到抖音平台进行运营，请你与企业运营员一起共同完成此项工作。

学习目标

知识目标

了解抖音的相关规则和抖音运营的相关知识。

技能目标

掌握抖音号的养号、加权、视频发布、数据查看、运营和变现技巧。

思政目标

让学生获得视频分享并传播的成功经验，建立和增强学习信心。

知识探究

本章主要介绍抖音的短视频运营。

一、抖音短视频的变现

抖音运营的目的就是要实现变现，主要有以下五大变现方式。

（一）广告变现

当用户拥有一定的粉丝量，就会有源源不断的流量，有了流量就会有广告价值，这时可以通过抖音账号投放广告来获得广告费，如图 6-1 所示。

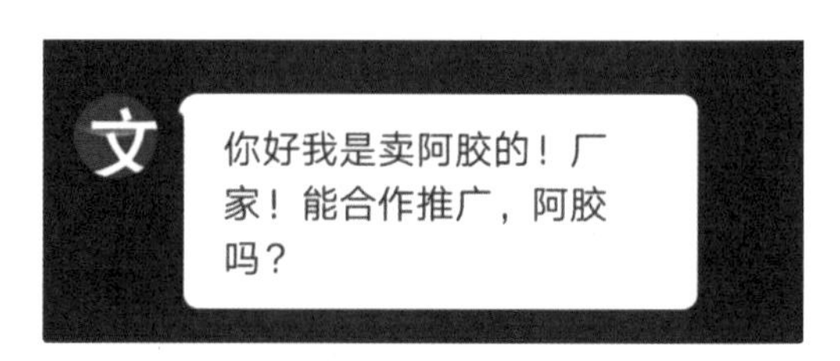

图 6-1　投放广告合作推广

如抖音本地美食号帮商家宣传特色美食，单条视频可收费几千元、上万元不等。

（二）引流店铺

通过抖音引流到个人微信号销售产品或服务，或者招募代理商，这个是常见的变现模式。在存量竞争的时代，用抖音引流，用微信、社群管理流量，是一个极其有效的手段。

（三）电商变现

有两种电商变现的方式：一是淘宝客，通过抖音的电商橱窗功能（如图 6-2 所示），在创作的视频中插入可以跳转到淘宝的商品链接，获得利润；一种是抖音小店，这是为自媒体作者提供的变现工具，类似淘宝店铺。

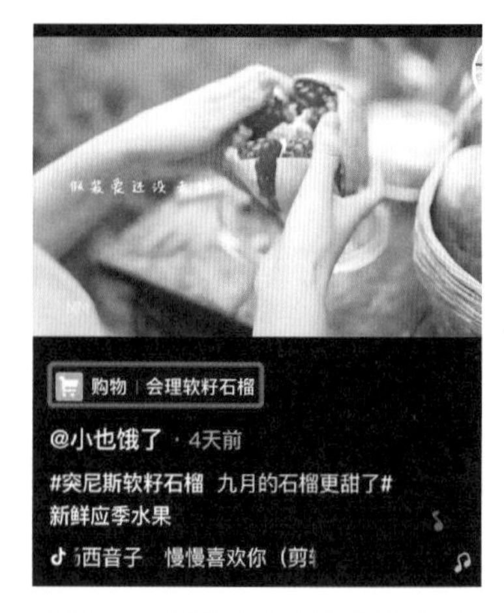

图 6-2　抖音电商橱窗购物链接

（四）知识付费

具有专业知识的账号，可以发视频传授专业知识，售卖课程，通过知识付费变现，如图 6–3 所示。

（五）直播变现

直播带货（见图 6–4）是变现的重要途径之一，另外，通过直播获得粉丝的打赏也是变现的途径。

图 6–3　视频课程付费

图 6–4　抖音直播带货

小任务

下载并登录抖查查 App 或者登录电脑端抖查查平台（https：//www.douchacha.com），查看直播带货榜、涨粉榜、视频飙升榜前三名的相关资料并记录下来，完成表格。

直播带货	账号名称	达人类型	粉丝数	上架商品数量	全网销量
榜冠军					
榜亚军					

涨粉	账号名称	达人类型	粉丝数	上架商品数量	涨粉数
榜冠军					
榜亚军					

视频飙升	账号名称	达人类型	粉丝数	评论数据	点赞数据
榜冠军					
榜亚军					

二、账号定位

（一）注册账号

抖音认证账号主要有个人认证号、企业与机构认证号、音乐人入驻号，注册账号前应先确定自己的账号定位。抖音注册有五种方式：手机号、头条号、微信号、微博号、QQ 号，在这五种方式中，最方便的注册方式是手机号注册并绑定头条号。注册的手机、手机号码、申请的账号应该一一对应，保证一机一卡一号。

图 6–5　账号设置界面

（二）账号资料修改

注册账号后，可以在如图 6–5 所示的界面，设置头像、账号名称、个人简介等。

头像要求有辨识度、像素清晰、与账号主体内容相关、符合大众审美。

账号名称最好全用文字、10 字以内、简单好记、与内容关联。

个人简介要体现自己的特点，建议用持续更新、引导关注评论说明等内容，但不建议直接加联系方式。

（三）账号培养

账号培养总的来说是模拟正常用户的使用习惯。账号培养的目的是提高账号的初级权重，要达到这个目的，养号的周期一般在 3 ～ 5 天，最佳是 7 天。在这 7 天内不要发任何视频，而是去浏览别人的视频，每天浏览视频时长控制在 1 ～ 2 小时，并且最好在不同的时段、不同网络、不同地点去观看浏览，还可以看看直播。浏览视频的时候应该保证一定的完播率；查看附近的直播或视频并适当点赞、评论、关注；不要秒赞，看完视频之后再点赞；根据视频的内容留言评论。

应多看垂直领域的作品，即同行同类的视频，并主动进行点赞、评论；其他不想看可以直接刷过，系统给打上标签即可。这样做有利于后期账号的培养，以及对应权重的提升。

过了养号周期，就可以发布视频对账号进行检测，可用抖音自带相机拍摄，视频内容要主题新颖，保持原创。如果播放量达到 200 ～ 300，说明账号培养成功了。

小任务

上飞瓜查看 5 个同类账号，并把账号信息列出来，填入下表，并完成自己账号的相关设置。

同类账号名称	简介	你的账号名称	简介	抖音个人信息雷区总结：（填写 3 点）

三、抖音新手的误区

（一）不了解平台规则，不做规划

平台都有自身的规则，很多新手对平台的功能、各个按钮功能、平台的规则不了解就直接操作，会导致限流、删视频，甚至封号。

对于运营，一定要先做好规划，比如视频内容定位是什么？视频风格是什么样？最后怎么变现？都需要提前规划好。

（二）不创作，靠照搬抄袭

有些新用户看到比较火的视频，就下载下来上传到自己的抖音号，以为这样能火。但是抖音后台有去重机制，你的作品发布后，先会得到机器审核，判断你的视频重复率，内容重复达到 70% 就会判定为重复（如图 6-6 所示），不会给太多的推荐，没法得到更多的曝光。

这些直接搬运的操作，风险极高，被平台检测发现后，会直接被降为最低权重账号，甚至直接被封杀。

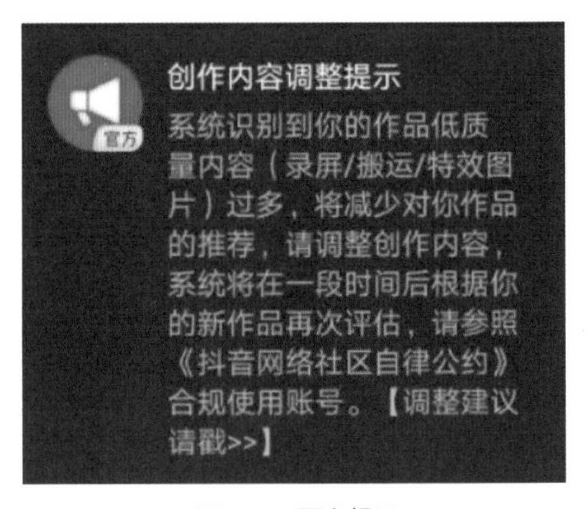

图 6-6 平台提示

（三）不养号，顺其自然

不同于微信的熟人社交，抖音是以短视频为载体的陌生人社交、互动平台，这里的大多数人根本不认识你。很多人注册新号之后，就把抖音当作微信朋友圈来使用，这对于有运营目标的号来说是一个很大的问题，会直接导致账号的权重升不起来，所以花费一定的时间和精力，按照一定的技巧去养号，是不可跳过的步骤。

（四）多发长视频，不注重完播率

抖音的流量池推荐，主要关注视频作品的几个基础数据——完播率、点赞率、评论率、转发率，其中，又以完播率重要性最高。一个内容 15 秒的作品，用户看完了，完播率就提高了。如果你的视频是 1 分钟，用户需要 1 分钟才看完。如果用户看不完就划走了，系统会判断你的视频不是用户所喜欢的，从而减少甚至停止推荐。

建议新手不要发布长视频，要注重完播率。

（五）追求好设备器材，视频没有爆点

很多新手开始拍摄抖音短视频时，往往会投入不少经费去购买设备器材，其实大可不必，一台手机、一个支架加上一台电脑基本就满足了需求。作品能不能得到好的反馈取决于视频内容，这不是设备器材决定的。

（六）靠刷粉，不追求自然流量

抖音社区自律公约（见图 6-7）明确规定“严禁任何刷赞刷粉行为”，这是抖音严厉打击的行为。抖音的推荐机制决定了靠刷粉、刷量这样的操作用处微乎其微，而且抖音对刷粉、刷量的操作审核极为严格。刷粉、刷量会带来大量的僵尸粉，大大降低账号粉丝的活跃度，给账号带来永久的伤害。

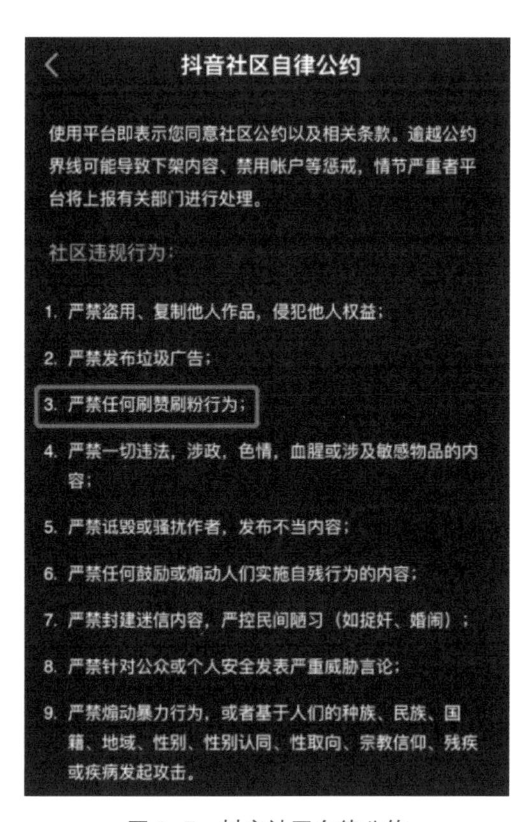

图 6-7　抖音社区自律公约

（七）不学习，靠自己摸索

互联网的发展日新月异，规则天天都有改变，如果靠自己摸索，需要几个星期甚至几个月的时间，但是这个时间内规则可能又改了，因此去请教别人能省下宝贵的时间，也会少走很多弯路。

四、发布短视频

发布短视频的时候可通过各项设置来提高短视频的反馈效果，主要有以下三个方面。

（一）上传时间

根据抖音的大数据统计，以下几个时间段为用户活跃高峰期：

12—13 点：午休时段；18—19 点：下班高峰期；21—22 点：睡前休闲时间。

所以选择在以上用户活跃高峰期时间段上传短视频，效果会比较好。

（二）用户群体喜好和热门音乐

分析目标客户的群体特征，根据目标客户群体的喜好去选择短视频的内容或音乐，让目标客户群体第一秒就对短视频有好感。

（三）短视频发布

短视频发布界面如图 6-8 所示。

图 6-8　短视频发布界面

1. 标题

图 6–9　标题中设置悬念

抖音标题最多可以输入 55 字符，这短短的 55 字符，怎么写能够吸引人呢？我们可以把标题设置成一个悬念（见图 6–9），引导用户猜疑、揣测，使其期待视频的具体内容；也可以抓住视频爆点，或者运用一些能够打动人心的句子，吸引用户的注意。当然，所有的文案都需要跟视频内容相匹配。

2. 话题

抖音的发布界面上有一个话题按钮，点击话题按钮，可以添加话题。后台系统会根据视频的内容列出相关的话题，加入合适的话题即可。图 6–10 所示为上传绿茶视频时系统推荐的话题，并显示了该话题的播放次数。

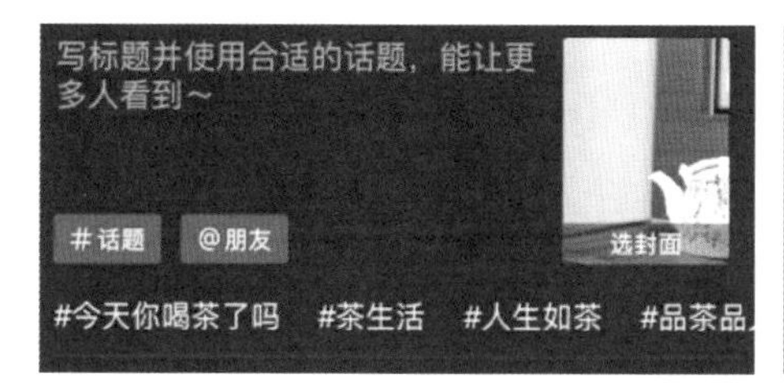

图 6–10　抖音发布参与话题

选择话题时应考虑流量，但是，不建议选择几十万、几百万的点赞数这样大流量的话题，因为出爆款的概率跟中彩票差不多；建议选择流量相对较小的，点赞数在 1 万到 2 万的话题。

3. @ 朋友功能

文案中的 @ 朋友功能也是涨粉利器，可以求助百万级的大 V 号，让他发视频的时候 @ 自己的号，帮助引流。当感觉流量变小时还可以尝试 @ 小助手。

4. 封面

点击选封面按钮，可以选择视频中的任何一帧画面作为封面。在选封面的时候，我们尽量选择能反映作品主题或意境的画面作为封面。

五、短视频的数据分析

短视频上传到抖音平台后，是否达到我们想要的效果？能不能带来源源不断的流量呢？这需要对短视频的数据进行分析。

（一）短视频的四大维度

抖音平台对短视频的评判有四大维度：完播率、点赞量、转发量、评论量，如图6-11所示。

图 6-11 短视频评价重要的维度

1. 完播率

完播率就是看完视频的人数与总观看的人数的比值，这是一个很重要的指标。完播率过低，系统会将视频判定为质量低，不会再推荐；如果完播率高，即使视频点赞、评论量低，平台也会推荐。一般新用户，完播率以30%作为标杆，而爆款视频，完播率能达到80%。所以在拍摄短视频的时候，应该考虑引导观众看完完整视频、在观看的过程中点赞、看完之后留言和评论，每一个环节都需要精心设计。

2. 点赞率

点赞率是点赞量与播放量的比值，点赞量是短视频获得点赞的数量。整体上来说，点赞率达到3%～5%就是非常优质的作品，会被系统不断地增加推荐量，相反，如果点赞率过低，系统将不会再推荐。账号运营初期，可以把2%作为标杆。

3. 转发量

转发量是短视频被转发的数量，转发的人越多，短视频作品传播范围会越广。

4. 评论量

评论量是短视频被评论的数量。

短视频发布后，会被放置在一个种子流量池内。这个流量池大概有 300 人，当 300 人完成观看之后，会对这 300 个用户的反馈作评估，评估的依据就是：完播率、点赞率、转发量、评论量。

（二）查看自己的视频数据

方法一：打开抖音 App“我的主页”，每条视频左下角就可以查看播放量，点击播放该视频，会有详细的点赞数和评论数。

方法二：登录电脑端抖音创作者平台（https：//creator.douyin.com/），进入首页，点击“视频管理”（见图 6–12）就能看到视频数据。

当然并不是每个账号都能查看自己的视频数据（见图 6–13），只有粉丝数大于 1 000，且最近一周投稿天数不少于 3 天的用户有权限查看。

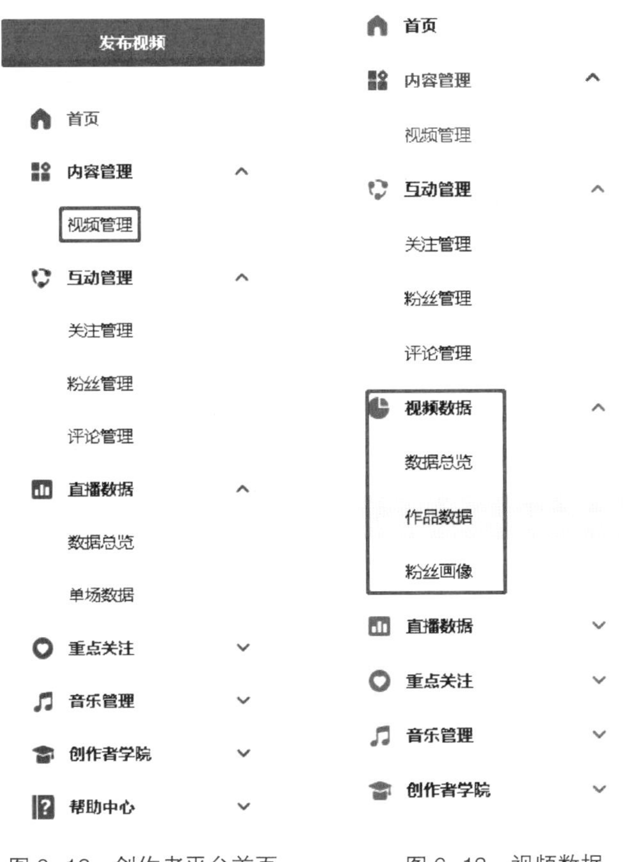

图 6–12　创作者平台首页　　图 6–13　视频数据

方法三：打开抖音 App，点击“我”，点击头部按钮☰，点击“创作者服务中心”（见图 6–14），点击“数据中心”，如图 6–15 所示。点击要查看的作品，可看到作品时长、观看者平均播放秒数。

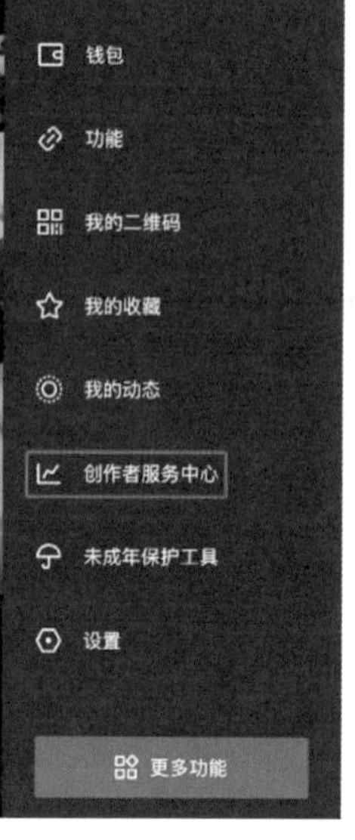

图 6–14　创作者服务中心

图 6–15　数据总览界面

这个位置获取的数据并非直接展示完播率，只能自己估算，但是可以参考。

（三）提高短视频质量的维度

要提高短视频的质量，最重要的就是提高视频内容的吸引力，所以选题非常重要，枯燥无味的选题没人想看。除此之外，还可以通过以下方法来提升。

（1）做好开头的黄金 3 秒。

（2）设置好剧本结构。

（3）用流行的音乐。

（4）提高视频的画面质感。

（5）提高互动率。互动率主要是指点赞率、评论率以及转发率三个要素，这几项数据提高了，整个短视频的互动率自然就提高了。在完播率良好的情况下，视频的互动率越高，平台对视频的推荐量就越多，视频上热门的潜力也越大。

那么如何提高这几项数据呢？我们可以通过以下几个方面来引导：

1）通过标题来进行引导：标题定好了，不仅可以吸引用户的关注点击，也可以在标题中进行预热提问。引导用户跟着创作者的思路来观看短视频，从而表达自己的观点，进行点赞评论转发，提升互动率。

2）在评论区进行引导：很多用户在观看短视频的时候都有刷评论的习惯，所以创作者也可以在评论区留言。可以是质疑内容的、调侃内容的，或者是非常犀利的提问，引导用户畅谈自己的观点，并且与其他用户意见实现互动交流。

3）在视频内容中添加引导：很多较长的短视频会在某个时间点加上期待点赞、评论的文字或语音，例如在视频最后加上“您有什么看法呢？请在评论区留言探讨”。

4）内容创作激发用户互动：每个账号的情况不一样，碰上的用户也不是一个固定群体，但内容永远是短视频的核心和本质。例如，用户觉得视频有用，会想要转发分享给自己的朋友；内容引起了用户的情感共鸣，会忍不住点赞、评论。所以，优质的内容是可以激发用户互动的。

5）“Dou+”付费推广：通过付费得到更大的推荐流量。“Dou+”功能是抖音平台的一款视频推荐工具，创作者在为视频购买“Dou+”后，该视频将被推荐给更多用户，以提升视频的播放量和互动量。目前抖音“Dou+”功能的收费标准是 50 元 /2 500 人、100 元 / 5 000 人或自定义，如图 6–16 所示。

图 6–16 “Dou+”推广界面

“Dou+”功能怎么用呢？我们打开一个发布的视频（必须是在 90 天内发布的），点击右侧三个小点，在弹出的选项中，点击“上热门”，进入如图 6–16 所示的“Dou+”推广界面，然后根据自己的需求选择付费金额就可以了。

抖音“Dou+”的主要功能是促进视频播放量和点赞量这两个数据的增长，主要是前期的启动预热和爆发，对后期的引流推广只起到一个辅助作用。

选择你发过的两个短视频，把运营的结果数据填写在下表中。

视频名称	播放量	点赞量	评论量	转发量	数据分析（各项数据是否达到预期目标、原因）	改进（根据数据反馈，分析总结视频拍摄和运营的问题）

六、抖音账号的权重规则

抖音是一个讲究权重的平台，怎样将新账号养成一个高权重的抖音号呢？首先需要清楚规则。

抖音账号权重是抖音账号平台规则中的一项内在数值，它直接影响用户作品的曝光度。如果账号权重较低，那么该账号发布的视频作品获得的初始推荐量会较低，视频就很难被人看见；反之，权重较高的用户就相对容易获得推荐量。

对于刚注册的新账号，发布的前五个视频作品决定了这个账号的初始权重，因此前五个作品必须注重质量，争取能“火”起来。

抖音账号按权重分主要有僵尸号、最低权重号、待推荐号、待上热门号和大 V 账号，从抖音的播放量基本可以判断账号类型，如图 6–17 所示。

5种类型	僵尸号	最低权重号	待推荐号	待上热门号	大V账号
新作品播放量	小于100	100~200	1 000~3 000	1w以上	10w以上

图 6–17　从播放量来判断账号权重

（一）僵尸号

如果新发布作品持续 7 天，播放量在 100 以下，这类账号被视为“僵尸号”，这种账号抖音权重几乎等于零。

建议：重新注册新的抖音号。

（二）最低权重号

如果持续 7 天新发布的作品，播放量在 100 ～ 200 次，就是最低权重号。这类账号只会被推荐到低级流量池，如果持续半个月到一个月没有突破的话会被降为僵尸号。

建议：上传更多原创高质量内容的作品。

（三）待推荐号

如果你发布的视频播放量持续在 1 000 ～ 3 000，为待推荐账号。这类账号权重还是比较高的。

建议：应该抓紧时间创作高质量作品，或通过其他方法提高播放量和点赞量，以得到更大的流量。

（四）待上热门号

视频播放量持续在 1 万以上的抖音账号为待上热门账号，这类账号权重特别高，离热门账号只有一步之遥。

建议：定期更新作品并参与最新的话题活动、挑战，争取成为热门账号。

（五）大 V 账号

目前抖音给的权重最高的账号是大 V 账号。

建议：原创更多的优质内容，吸引更多的平台流量和精准粉丝。

小任务

使用微信“抖大大”小程序，进入页面，复制你最喜欢的视频地址，查询该视频账号的权重，再查询自己账号的权重，在下表中填写查询结果。

昵称	抖音号	权重分	健康度	资料完善度

七、抖音商品分享

抖音商品分享功能是指用户可以在自己的抖音视频里分享商品。开通此功能之后，用户主页会增加“商品橱窗”入口，可以在这里添加要分享的商品。如果在发布视频的时候添加了分享的商品，那么在视频的左侧和视频评论区顶部会有“购物车”图标，观众可以通过“商品橱窗”和“购物车”来了解商品详情并购买商品。

（一）开通要求

进入如图 6-18 所示的界面，基础要求是实名认证且商品分享保证金 500 元；进阶要求是个人主页有超过 10 条公开且审核通过的视频，抖音粉丝超过 1 000 名。

（二）获得权益

开通成功后可在商品橱窗、短视频、直播中添加商品；可登录电商 PC 工作台进行橱窗管理、推广、数据查看、直播间中控等操作。

（三）开通操作

进入抖音“我”界面，点击右上角的【≡】按钮、商品分享功能按钮，进入商品分享功能申请界面。如果达到了开通条件，那么可以立即申请，申请完之后只需要等待审核通过。

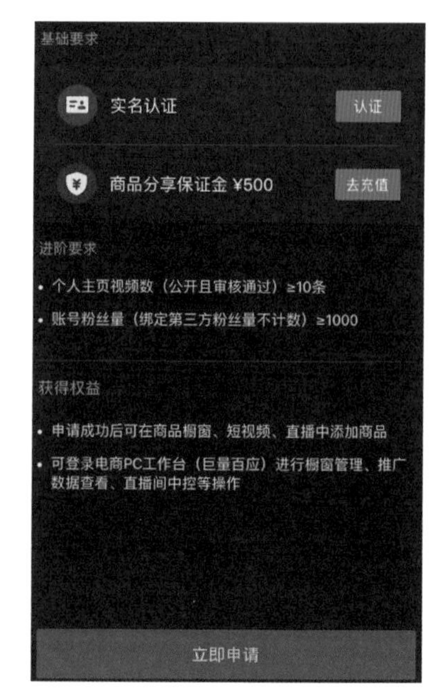

图 6-18　立即申请界面

添加商品：打开抖音，进入个人页面，点击右上角的【≡】→“创作者服务中心”→“商品橱窗”，进入商品橱窗页面，点击“添加商品”按钮就可以添加商品。

小任务

对照抖音商品分享功能的开通条件，进行相应的努力，让你的账号达到抖音商品分享功能的开通条件，并开通。

八、理解规则，反复 / 持续制作短视频并上传

当了解抖音的各项规则后，需要持续更新视频。前期更新的频率控制在两天一更较好，过了养号期可以一天一更。上传的视频需要主题统一，并有连载性，这样会使账号更有黏性。

任务分析

要想自己的视频能被更多人看到、得到较好的反馈并打造账号的初级权重，必须熟悉抖音的各项规则，尽量在用户活跃高峰期上传，了解目标用户群体并确定其参与的话题，最后 @ 上合适的用户，尽可能得到较好的视频数据。

让我们带着以下问题进行小组讨论：

1. 龙井茶的用户群体是哪些？

2. 如何给视频添加标题描述？

3. 在哪个时间段上传短视频？

4. 参与哪个话题？

5. @ 哪些大咖？

任务决策

根据讨论的结果，确定龙井茶短视频上传的任务，并把结果填写在下表。

任务分解	任务决策	你有更好的解决方案吗
1. 分析产品的客户群体	“80 后”买家占到龙井茶市场的一半	
2. 给视频加上标题（文案）	心中的那一抹绿，沁人心脾——一品绿茶	
3. 选择合适的时段上传	选择“80 后”午餐后时间 12—13 点	
4. 选择参与的话题	# 品茶品人生	
5. 选择需要 @ 的大咖	@ 有大量“80 后”粉丝的账号	
6. 选封面	选一个有产品照片并有茶具的封面	

任务实施

一、准备工作做好了，开始上传短视频

1. 将视频同步到你的手机相册。

2. 打开抖音 App，点击 [+] 按钮，点击相册图标，进入手机相册，选择同步到手机中的视频，点击“下一步”，进入“发布”界面。

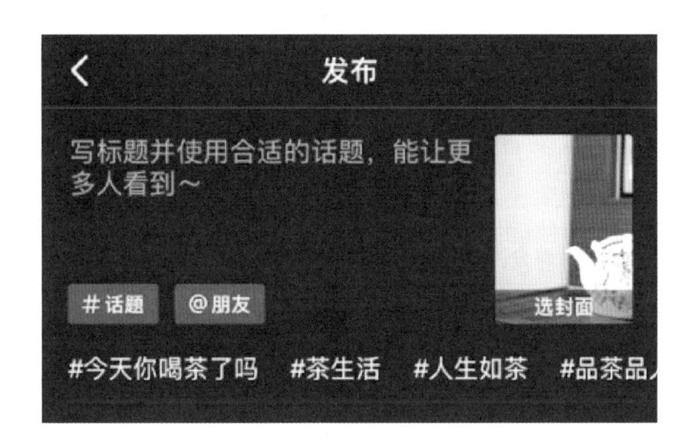

3. 根据决策的结果，填写视频标题、话题、@选项、选封面。

4. 点击发布，完成视频的上传。

二、查看自己最近发布的视频数据，分析数据并完成下表。

视频名称	播放量	点赞量	评论量	转发量	数据分析（各项数据是否达到预期目标、原因）	改进（根据数据反馈，分析总结视频拍摄和运营的问题）

同步实训

每日坚果制作好了一个短视频，请你将该视频发布到抖音平台进行运营。

1. 产品分析

产品品牌	每日坚果
产品价格	原价 149 元
促销策略	限量下单到手价格 89 元
产品卖点	干湿分离锁鲜 自然烘烤 科学全面营养
产品价值	每日坚果果干分段变温烘烤每一种坚果，自然烘烤出果香，减少营养流失，采用分区锁鲜技术自然调和了酸甜脆软，保留了坚果果干原始口感，九种坚果果干搭配，营养更全面。健身人士放心选，孕期妈妈、儿童、老人都能吃

2. 用户分析

年龄段	18～45 岁
地域分布	全国
用户特征	追求每日营养均衡的人群，年龄大多在 18～45 岁，不限性别，经济收入良好且稳定，性格乐观开朗，积极向上，热爱生活热爱生命
购买力	较强
用户活跃时间	视频发布时间与此对应，晚上 7—11 点

3. 账号注册、设置和养号

任务分解	任务分析	任务决策
注册方式	选择最能提升运营效果的注册方式	
昵称	用产品的品牌名加上一些巧妙的名字，让用户有兴趣关注到账号	
头像	可以突出品牌，让用户一看即明白该账号的定位	
简介	介绍这里是每日坚果的零食小站，说明会持续更新营养方面的视频，让用户持续关注账号，注意规避词	
养号周期	3～7 天	
点赞、评论	同类视频点赞、评论，让系统给账号打上标签	
更新	作品更新的频率	

4. 发布短视频

任务分解	任务分析	任务决策
分析产品的客户群体	每日坚果的客户年龄段、性别、地域等	
给视频加上描述（文案）	写描述之前，请到抖音参考不少于 5 个竞品的描述 （1）视频描述须出现产品卖点热词并符合逻辑 （2）视频描述字数在 10～55 个（任意 1 个字符均算 1 个字数） （3）视频描述符合汉语语法标准（无错字，无错句，语法正确）、标点符号使用无误	
选择合适的时段上传	根据目标客户群体特征选择合适的时间段	
选择参与的话题	选择排名前十的话题	
选择需要 @ 的大咖	@ 该领域的大 V 或者小助手都能提升曝光度	
选封面	选择反映作品主题或意境的画面作为封面	

5. 视频数据分析

视频名称	播放量	点赞量	评论量	转发量	数据分析（各项数据是否达到预期目标、原因）	改进（根据数据反馈，分析总结视频拍摄和运营的问题）

情境考核

龙井茶情景剧类（工夫茶的展示过程）短视频的运营

1. 实训目的

掌握短视频的抖音运营。

2. 实训准备

（1）组队：以小组为单位，4～6人一组，并选出一名组长，分配好组员的工作。

（2）用具：龙井茶情景剧类（工夫茶的展示过程）短视频。

3. 实训任务

请为你的账号开通商品橱窗，并在龙井茶情景剧类（工夫茶的展示过程）短视频中添加商品分享。

4. 实训步骤

（1）开通抖音商品橱窗。

（2）为该短视频添加商品链接。

5. 任务实施

（1）开通橱窗：进入抖音“我”界面，点击右上角的【≡】按钮、商品分享功能按钮，进入商品分享功能申请界面。如果达到了条件，那么可以立即申请，申请完之后只需要等待审核通过。

（2）添加商品：打开抖音，进入个人页面，点击右上角的【≡】按钮、点击“创作者服务中心”→“商品橱窗”，进入商品橱窗页面，点击“添加商品”按钮可以进行商品添加。

6. 考核评价

1. 实训任务完成情况（50分）					
评价指标	分数	评价说明	自我评价	小组评价	教师评价
账号实名认证	5分	完成账号实名认证			
商品分享保证金500元	5分	有商品分享保证金500元			

续表

个人主页视频数	10 分	个人主页视频数达到 10 条的满分			
粉丝数量	10 分	粉丝数量 1 000 以上得满分			
申请成功	5 分	成功申请抖音商品分享功能			
添加商品链接	15 分	在龙井茶短视频中添加商品链接			
2. 完成态度（30 分）					
职业技能	10 分	符合工作需求，能够正确完成各项操作			
工作心态	10 分	有良好的态度，全力投入，完成工作			
完成效率	10 分	在规定时间内按质按量地完成分配的任务			
3. 团队合作（20 分）					
沟通分析	10 分	主动提问题，快捷有效地明确任务需求			
团队配合	10 分	快速地协助相关同学进行工作			
计分					
总分（按自我评价 30%、小组评价 30%、教师评价 40% 计算）					

短视频实例及实训

情境导入

通过前面的学习，已经掌握了茶叶知识分享类主题视频以及龙井茶情景剧类（工夫茶的展示过程）短视频的策划、拍摄、后期剪辑以及运营等内容。在实践中，往往会遇到不同的产品类目，而每个产品的特性差异又较大，本情境特选取几个差别较大的产品，作为实训案例供学习参考。

学习目标

知识目标

掌握脚本撰写的方法；

掌握视频拍摄的方法；

掌握短视频后期剪辑的方法。

技能目标

能够分析产品以及对应的目标人群；

掌握摄像机的使用技巧；

熟悉剪辑软件 Pr 的工具使用。

思政目标

注重团队合作及沟通。

工作任务

短视频制作团队现接到客户的任务，要制作一套彩虹橡皮擦短视频。

彩虹橡皮擦信息：

品牌	彩虹	
材质	橡胶	
外观造型	卡通、糖果	
适用人群	学生	
包装	盒装	

工作流程

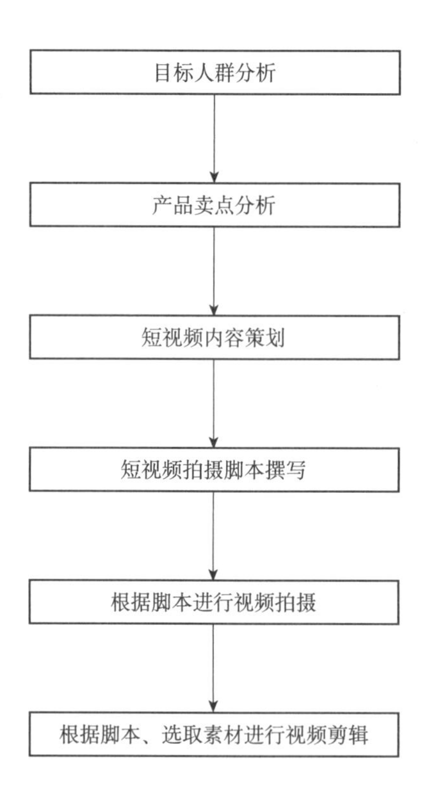

一、目标人群分析

可选用多个平台进行综合数据查询，首先可以登录蝉妈妈数据（https：//www.

chanmama.com/）进行数据查询（蝉妈妈仅可查询商品在小红书和抖音的数据），在搜索栏输入“彩虹橡皮擦”并查询（抖音），如图 7–1 所示。

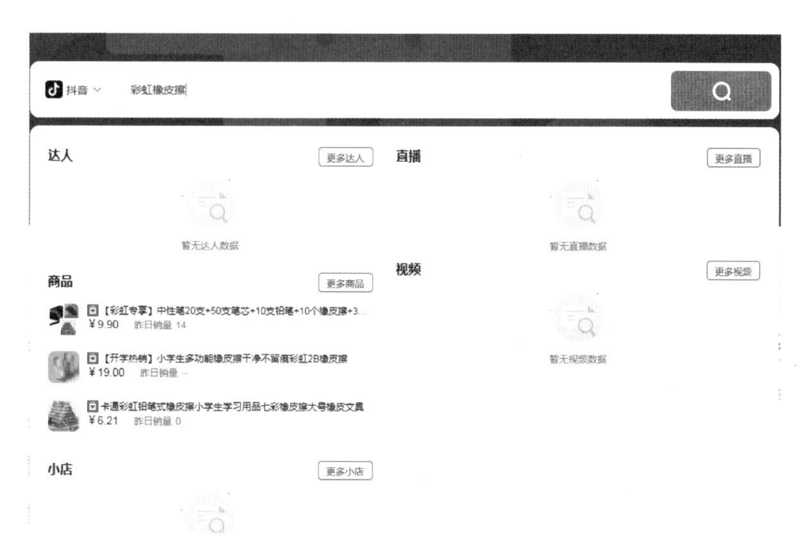

图 7–1　蝉妈妈抖音数据查询“彩虹橡皮擦”

从图 7–1 可看出，彩虹橡皮擦没有对应的达人，只有 3 个类似产品，数据不足，难以进行分析。可以将关键词范围放大一点，我们可尝试“橡皮擦”再次搜索，如图 7–2 所示。

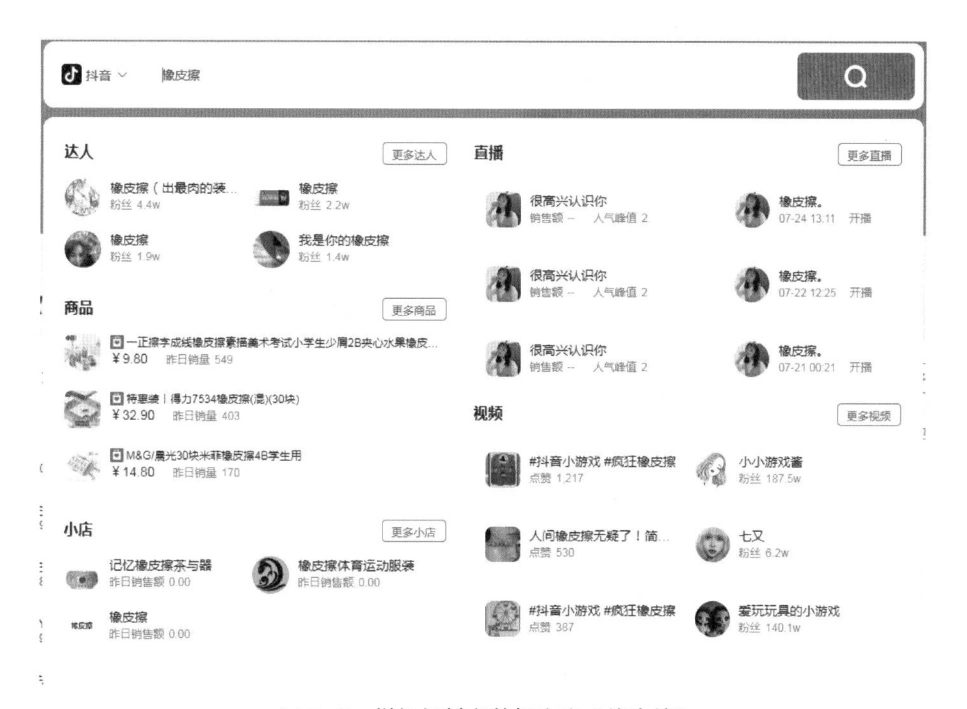

图 7–2　蝉妈妈抖音数据查询“橡皮擦”

从图 7–2 可知，当输入“橡皮擦”时，可以看到达人、商品、小店、直播以及视频等五个关于商品的不同信息。其中，达人粉丝最高是 4.4 万，如果想了解“更多达人”，可点击继续查询。由此得知，以“橡皮擦”为主要名称的达人账号，并没有很高的人气。

在“商品”一列中，可以看到同类产品竞品的昨日销量排在第一的有 549 件，如果想了解“更多商品”，可点击继续查询。由此得知，橡皮擦在抖音里其实是有销售潜质的。如果想了解更多信息，可再点击排名第一的商品链接，进入查看，如图 7–3 所示。

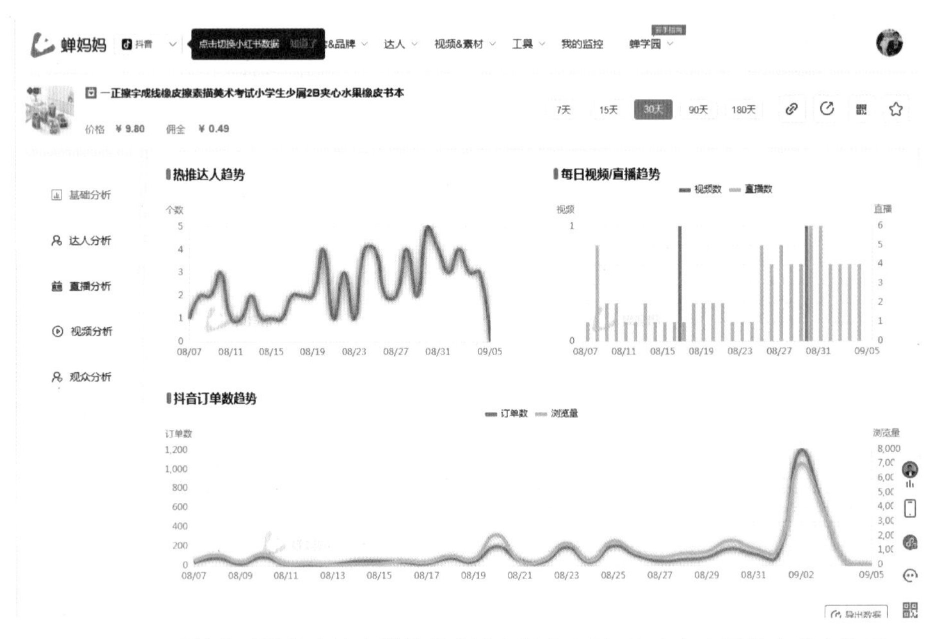

图 7–3　一正擦字成线橡皮擦素描美术考试小学生少屑 2B 夹心水果橡皮书本数据

从图 7–3 可知，在“基础分析”内容里，不管是热推达人趋势、每日视频 / 直播趋势还是抖音订单数趋势，在 8 月 27 日至 9 月 5 日数据都达到了峰值，这可以理解为橡皮擦的主要购买人群是学生群体，在开学初都需要购买此类产品。

其他更多信息，可逐一查询。

每个平台的信息侧重点都不同，所以要对某一商品了解更多，往往需要综合使用两个或多个平台。可以再到 360 趋势（https：//trends.so.com/）查看更多关于彩虹橡皮擦的信息。

登录 360 趋势搜索“彩虹橡皮擦”，与蝉妈妈一样，无数据显示（见图 7–4），表明这个关键词太小众，将范围扩大一点，搜索“橡皮擦”（见图 7–5、图 7–6、图 7–7），可看到更多信息。

图 7-4 360 趋势搜索“彩虹橡皮擦”，无数据显示

图 7-5 360 趋势搜索“橡皮擦”变化趋势

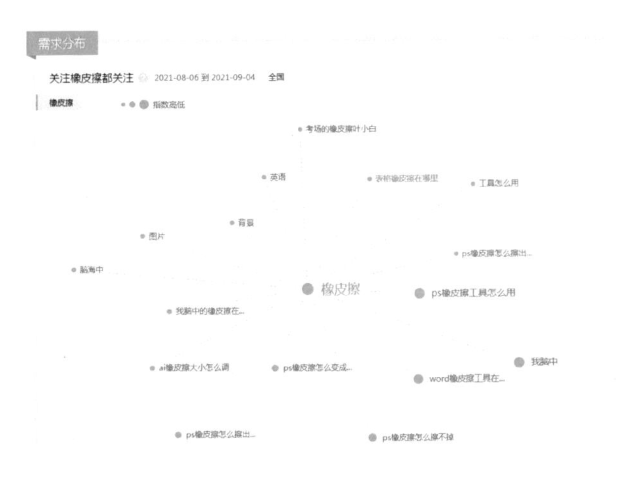

图 7-6 360 趋势搜索“橡皮擦”需求分布

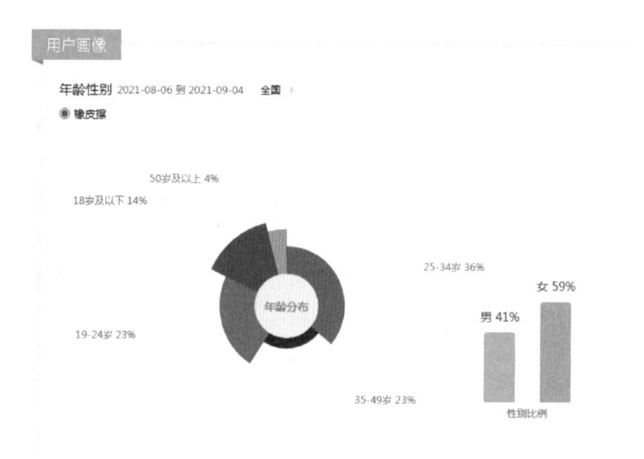

图 7-7　360 趋势搜索“橡皮擦”用户画像

从以上图中可看出，在“变化趋势”的“关注趋势”数据中，在 8 月 31 日当天达到了高峰，这与蝉妈妈的数据吻合；在“需求分布”中，关联链接显示的多是“PS 橡皮擦”“表格橡皮擦”，此类信息无效；在“用户画像”中，25 ～ 34 岁占比 36% 为最高值，19 ～ 24 岁和 35 ～ 49 岁占比都是 23%，18 岁及以下则为 14%；“性别比例”中女性占比 59% 高于男性占比 41%。由此可以推测，购买橡皮擦的人群可能为年轻的父母，因为在开学之际，需要为孩子购买学习用品。18 岁以下人群由于购买力弱，所以占比稍低。

在 360 趋势里，还有曝光量、24 小时关注、地域分布等信息，可以根据需求进行查询。

二、产品卖点分析

可以运用 FAB 法则挖掘“彩虹橡皮擦”产品卖点，见表 7-1。

表 7-1　挖掘产品卖点

序号	B（益处）	A（作用）	F（属性或卖点）	图片展示
1	色彩多样	可爱卡通	整体	
2	造型多样	增加趣味性	近景	

续表

序号	B（益处）	A（作用）	F（属性或卖点）	图片展示
3	方便实用	擦拭干净	特写	

在此可以换位思考，如果你是一名小学生，你希望爸爸妈妈为你购买一款橡皮擦，会想要什么样的呢？或者说，哪一类橡皮擦会比较吸引你呢？而吸引消费者的卖点，便是我们拍摄时的侧重点。

三、短视频内容策划

在经过了产品人群分析以及产品卖点分析后，接下来将以上两个流程得出的结果为依据，进行短视频的内容策划。

从“年龄分布”中 25 ～ 34 岁占比 36% 为最高值，我们推测这类人群大多为人父母，他 / 她们购买产品的很大原因是因为孩子，且尊重孩子意见，所以我们的视频需要吸引的群体主要是儿童。

根据彩虹橡皮擦的特性，做出以下策划：

（一）前 3 秒展示主要群体的喜好

根据儿童对于色彩和造型的喜好心理，我们在视频开头便展现产品色彩的鲜艳、多样色彩以及各种新奇造型，从视觉上先吸引主要群体。

镜头固定，一堆彩虹橡皮擦撒落在桌面上，让观众可以清晰看到产品。

（二）3 秒后全方位展示产品

由于前 3 秒仅提供初步印象，观众对产品的印象并没有太深刻。接下来，将展示彩虹橡皮擦更多的造型，并且需要近景拍摄，让观众看得更清晰。镜头转移，拍摄彩虹橡皮擦的其他色彩和造型的产品。

（三）展示产品的功能

橡皮擦的作用主要是擦拭，在视频最后展示产品的功能性。

四、短视频拍摄脚本撰写

我们对视频已经有了初步构想，根据策划的思路，接下来进行短视频的脚本撰写。

根据彩虹橡皮擦的特征，产品脚本适合使用分镜头脚本，基本要素分为几部分：镜号、画面内容、字幕、时长、景别、运镜方式以及拍摄角度。具体请参看表 7–2。

表 7–2 彩虹橡皮擦视频脚本

主题：彩虹橡皮擦，视频比例：16：9						
镜号	画面内容	字幕	时长（s）	景别	运镜（拍摄）方式	拍摄角度
1	橡皮从上往下撒落在桌面上	可爱网红卡通彩虹橡皮擦	4	近景	固定拍摄	俯拍
2	橡皮散布在桌面上，呈现出不经意摆放的感觉		3	近景	左→右移动	俯拍
3	将橡皮擦有序地摆放在盒子里	各种造型，打开孩子的好奇心	2	近景→特写	推镜拍摄	俯拍
4	将橡皮擦放在画框里，摆设出比较有装饰感的画面		7	特写	右上→左下移动	俯拍
5	有序摆放未拆封的橡皮，将橡皮擦“冰激凌”放在其中一袋上；手从视频下方伸出取走“冰激凌”		4	近景→特写	远→近旋转拍摄	俯拍
转场	滑动（镜头 4 向上滑动消失，镜头 5 向上滑动出现）		1			
6	在纸上写“彩虹橡皮擦”，并用手按住纸张，伸手用“冰激凌”擦除“皮”字	干净无痕无毒的彩虹橡皮擦	9	特写	固定拍摄	俯拍
合计			30			

五、根据脚本进行视频拍摄

根据撰写好的脚本，我们可以预测到关于彩虹橡皮擦产品展示的效果，接下来将以此为依据进行视频拍摄。值得注意的是：由于视频脚本是一个前瞻性的作业，可能会有不足之处，这就需要拍摄者在拍摄过程中灵活处理。

（一）镜号 1

为了让观众对彩虹橡皮擦有一个整体的了解，并且突出展示商品形象，在镜头里，选择的拍摄方式、角度和景别要把商品的外观完整地呈现。

（1）拍摄设备：手机、三脚架。

（2）拍摄脚本，如图 7–8 所示。

镜号	画面内容	字幕	时长（s）	景别	拍摄(运镜)方式	拍摄角度
1	橡皮从上往下撒落在桌面上	可爱网红卡通彩虹橡皮擦	4	近景	固定拍摄	俯拍

图 7–8　脚本中镜号 1 的内容

（3）拍摄方式：固定拍摄（见图 7–9）。

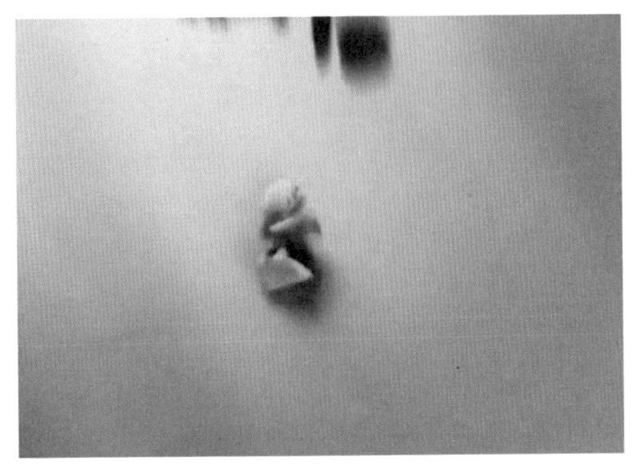

图 7–9　镜号 1 拍摄效果图

（4）拍摄角度：俯拍。

（5）景别：近景。

（二）镜号 2

（1）拍摄设备：手机、稳定器。

（2）拍摄脚本，如图 7–10 所示。

镜号	画面内容	字幕	时长（s）	景别	拍摄（运镜）方式	拍摄角度
2	橡皮散布在桌面上，呈现出不经意摆放的感觉	可爱网红卡通彩虹橡皮擦	3	近景	左→右移动	俯拍

图 7–10 脚本中镜号 2 的内容

（3）拍摄方式：从左往右移动拍摄（见图 7–11）。

图 7–11 镜号 2 拍摄效果图

（4）拍摄角度：俯拍。

（5）景别：近景。拍摄时注意保持镜头与被摄物平行，根据拍摄效果可以适当微调拍摄角度，利用手机稳定器拍摄，获得稳定的视图频画面。

提示

注意镜号 1 和镜号 2 的“字幕”部分，在脚本中，这两个镜号是同一字幕的，后面的镜头中，同样出现了两次多个镜头同一字幕的情况。

（三）镜号 3

（1）拍摄设备：手机、稳定器。

（2）拍摄脚本，如图 7–12 所示。

镜号	画面内容	字幕	时长（s）	景别	拍摄（运镜）方式	拍摄角度
3	将橡皮擦有序地摆放在盒子里	各种造型，打开孩子的好奇心	2	近景→特写	推镜拍摄	俯拍

图 7–12 脚本中镜号 3 的内容

（3）拍摄方式：推镜拍摄（见图 7–13）。

（4）拍摄角度：俯拍。

（5）景别：近景→特写。

图 7–13　镜号 3 拍摄效果图

（四）镜号 4

（1）拍摄设备：手机、稳定器。

（2）拍摄脚本，如图 7–14 所示。

镜号	画面内容	字幕	时长（s）	景别	拍摄（运镜）方式	拍摄角度
4	将橡皮擦放在画框里，摆设出比较有装饰感的画面	各种造型，打开孩子的好奇心	7	特写	右上→左下移动	俯拍

图 7–14　脚本中镜号 4 的内容

（3）拍摄方式：从右上角往左下角移动拍摄（见图 7–15）。

图 7–15　镜号 4 拍摄效果图

（4）拍摄角度：俯拍。

（5）景别：特写。

（五）镜号 5

（1）拍摄设备：手机、稳定器。

（2）拍摄脚本，见图 7–16。

（3）拍摄方式：由远到近旋转拍摄（见图 7–17）。

（4）拍摄角度：俯拍。

（5）景别：近景→特写。

镜号	画面内容	字幕	时长（s）	景别	拍摄(运镜)方式	拍摄角度
5	有序摆放未拆封的橡皮，将橡皮擦“冰激凌”放在其中一袋上；手从视频下方伸出取走“冰激凌”		4	近景→特写	远→近旋转拍摄	俯拍

图 7-16　脚本中镜号 5 的内容

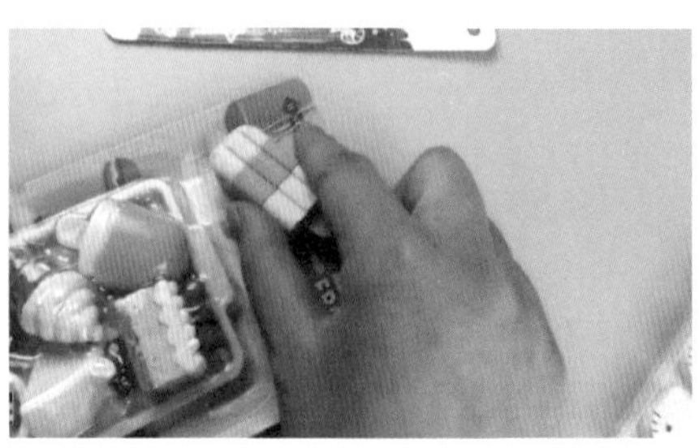

图 7-17　镜号 5 拍摄效果图

（六）镜号 6

（1）拍摄设备：手机、三脚架。

（2）拍摄脚本，如图 7-18 所示。

镜号	画面内容	字幕	时长（s）	景别	拍摄(运镜)方式	拍摄角度
6	在纸上写“彩虹橡皮擦”，并用手按住纸张，伸手用“冰激凌”擦除“皮”字	干净无痕无毒的彩虹橡皮擦	9	特写	固定拍摄	俯拍

图 7-18　脚本中镜号 6 的内容

（3）拍摄方式：固定拍摄（见图 7-19）。

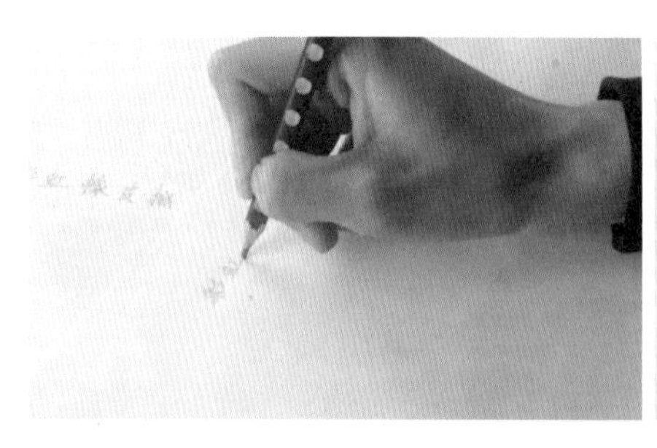
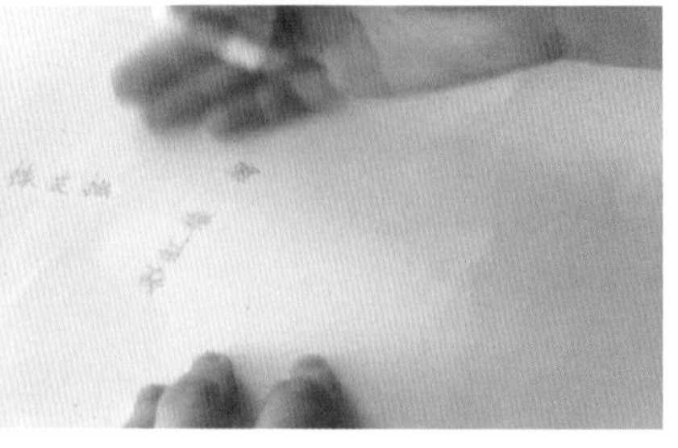

图 7-19　镜号 6 拍摄效果图

（4）拍摄角度：俯拍。

（5）景别：特写。

六、根据脚本、选取素材进行视频剪辑

在实际工作中，往往每个镜头都不止拍摄一遍，所以在彩虹橡皮擦的视频拍摄中，每个镜号进行了多次拍摄，需挑选出较好的素材。实际剪辑时我们再进行二次选材，在每个镜号的两个或以上的素材中，挑选合适的视频进行视频剪辑。镜号与素材序号见表 7-3。

表 7-3　镜号与素材序号对应表

镜号	素材序号	镜号内容
1	1、2、3 号	橡皮从上往下撒落在桌面上
2	4 号	橡皮散布在桌面上，呈现出不经意摆放的感觉
3	5、6 号	将橡皮擦有序地摆放在盒子里
4	7、8、9 号	将橡皮擦放在画框里，摆设出比较有装饰感的画面
5	10、11、12 号	有序摆放未拆封的橡皮，将橡皮擦“冰激凌”放在其中一袋上；手从视频下方伸出取走“冰激凌”
6	13、14、15、16 号	在纸上写“彩虹橡皮擦”，并用手按住纸张，伸手用“冰激凌”擦除“皮”字

（一）新建序列

打开 Pr 软件，来到“新建序列”的对话框，选定“DVCPROHD 1080p24”高清格式（见图 7-20），并确定。

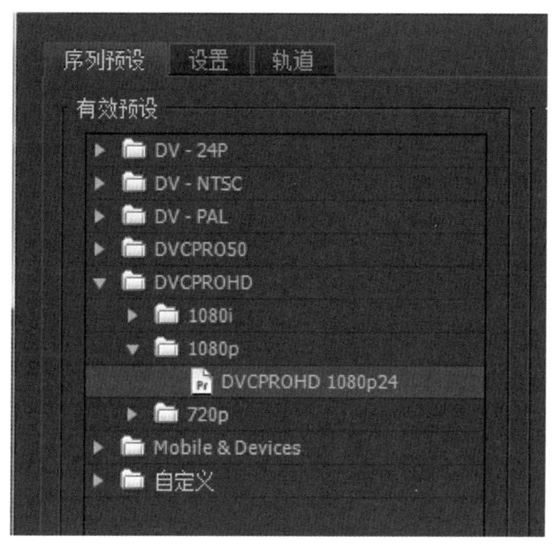

图 7-20　新建序列

（二）视频选材

在已拍摄的视频中，每个镜号对应的素材挑选 2 ～ 3 个，并将其排序（见图 7–21）。

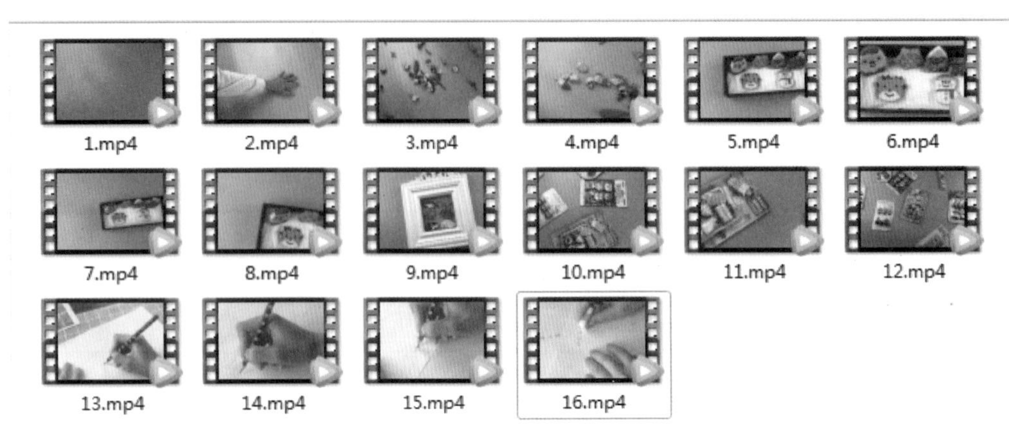

图 7–21　二次选材并排序好的所有素材

（三）导入素材

鼠标放置在“项目”区，右击，选中“新建文件夹”，重命名为彩虹橡皮擦视频，并将视频素材导入文件夹内（见图 7–22）。此时，双击文件夹，便能看到所有素材（见图 7–23）。

图 7–22　文件夹重命名：彩虹橡皮擦视频

图 7–23　双击文件夹

（四）素材导入编辑区

经过选材后，第一个镜号中，编者认为 2 号素材是较为合适，故导入 2 号素材到编辑区（见图 7–24）。在弹出的对话框中点击“保持现有设置”（见图 7–25）。

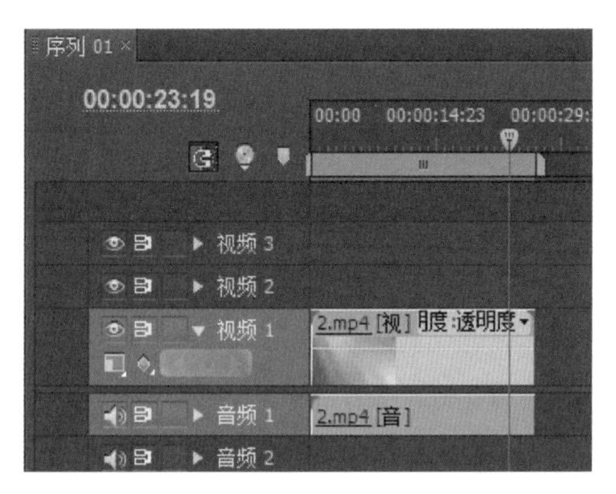

图 7–24　导入素材 2

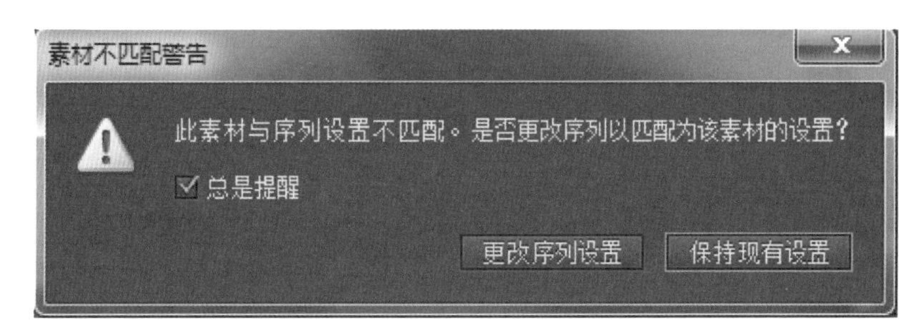

图 7–25　拖拽素材 2 到编辑区、保持现有设置

（五）调整预览视频尺寸大小

“新建序列”是 1920×1080 的高清格式，但是视频素材用手机拍摄，视频像素比序列素材低（见图 7–26），导致视频在预览区尺寸不符。此时，可以在预览区双击素材调整素材大小或者在“特效控制台”调整大小数据，直至素材符合预览区大小即可（见图 7–27）。

图 7–26　素材尺寸与预览区不符

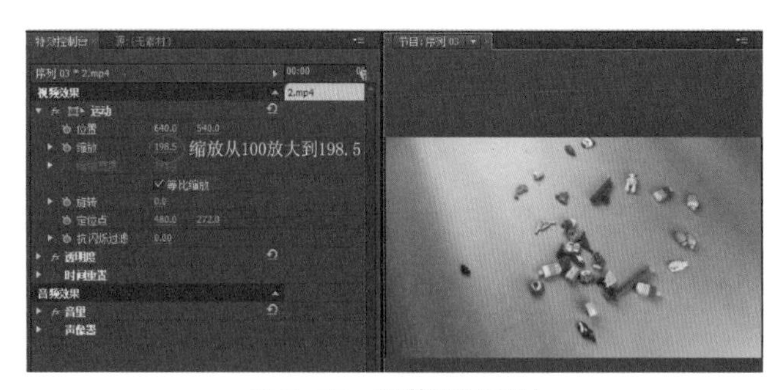

图 7–27　调整视频素材

（六）解除视音频链接

选中 2 号素材→右击→解除视音频链接→选中音频 1 的素材→按 DELETE 键可将音频（杂音）删除（见图 7–28）。

（七）2 号素材剪辑

2 号素材符合脚本的内容只有 2 秒时长（见图 7–29），但根据脚本的要求，此段内容时长为4秒。此时，将2号素材裁剪为3段，将中间一段（橡皮擦掉落瞬间）放慢速度（见图 7–30）。

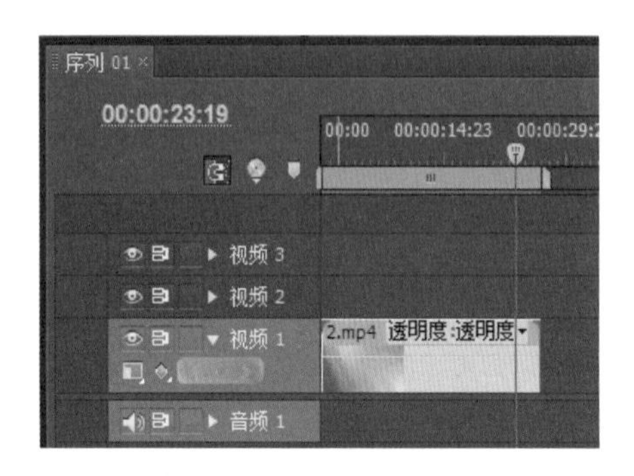

图 7–28　解除视音频链接

图 7–29　初步剪辑的 2 号素材

图 7–30　放慢速度的 2 号素材

（八）剪辑 2 ～ 6 镜号素材

根据脚本要求，对每个镜号的素材进行选材后，进行视频剪辑（见图 7–31）。

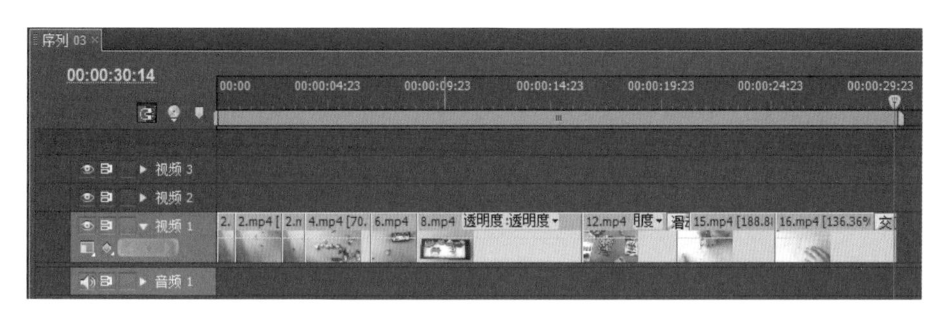

图 7–31　2 ～ 6 镜号视频素材剪辑完毕

（九）添加字幕 1

根据脚本要求，首先为 1 ～ 2 镜号内容添加字幕。添加步骤：字幕→新建字幕→默认静态字幕→确定，然后将脚本中的字幕内容复制粘贴到软件中即可（见图 7–32）。同时将字幕 1 素材拖到视频 2（1 ～ 2 镜号）对应的位置（见图 7–33）。

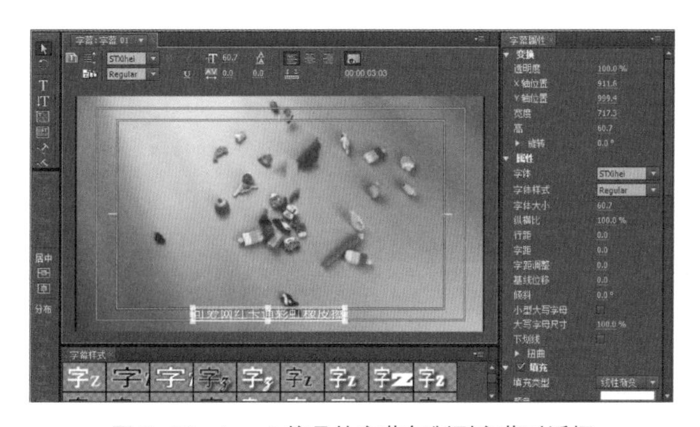

图 7–32　1 ～ 2 镜号的字幕复制到字幕对话框

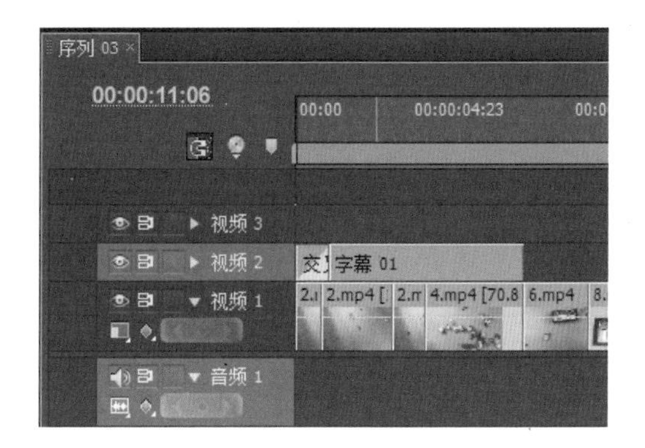

图 7–33　1 ～ 2 镜号字幕（字幕 1）拖到视频 2

（十）添加字幕 2

在字幕对话框中，点击“基于当前字幕新建”（见图 7–34），将脚本中剩余两个字幕分别复制到字幕对话框中，并分别将字幕 2、字幕 3 拖到视频 2（见图 7–35）。

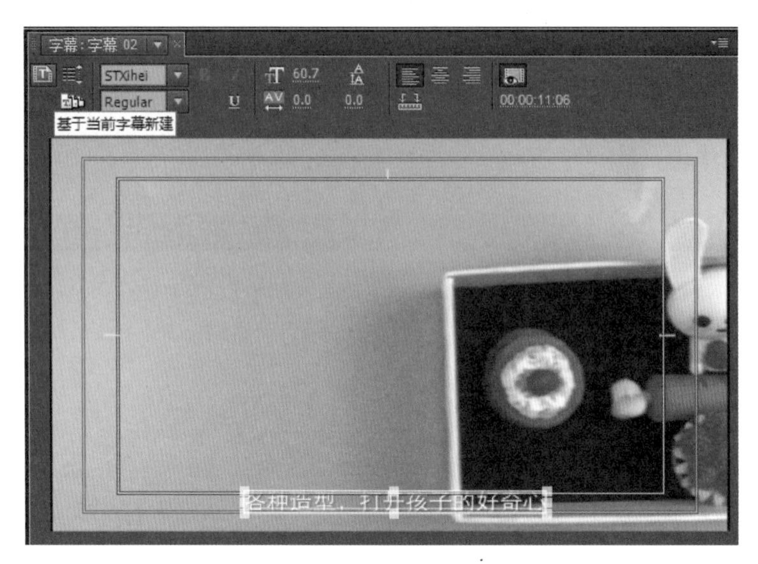

图 7–34　基于当前字幕新建

图 7–35　字幕 2、字幕 3 拖到视频 2 处

（十一）添加音乐

自行选取符合视频的音乐导入“音频 1”，裁剪符合视频的时长，并使用钢笔工具（快捷键 P）在音频开头与结尾进行淡入、淡出处理（见图 7–36）。

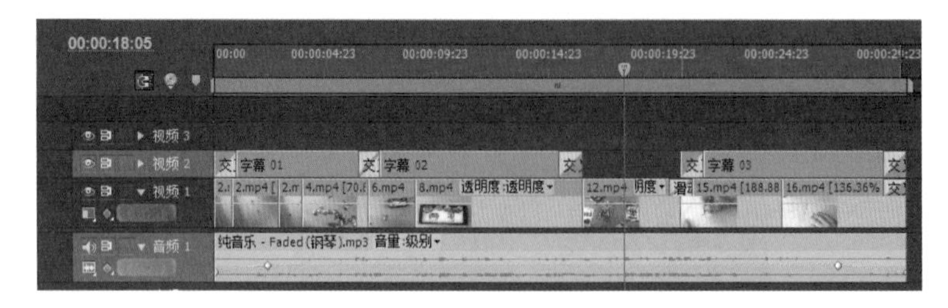

图 7–36　添加音频

（十二）视频渲染

将输入法改为英文输入法，用快捷键 Ctrl+M 进行视频渲染。同时注意“格式”“输出名称”“宽度”“高度”“纵横比”的数据设置，点击“导出”（见图 7–37）。

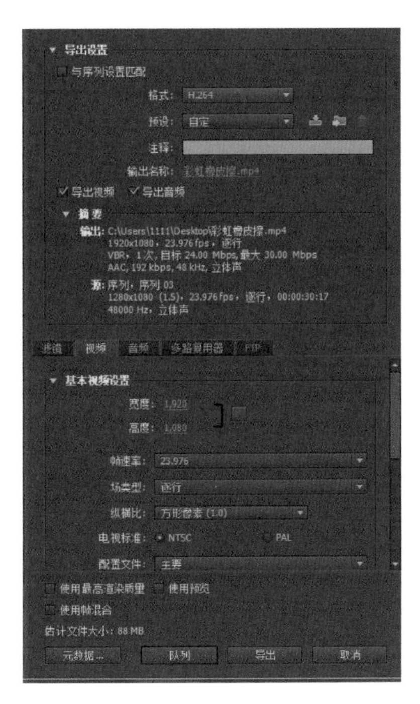

图 7–37 视频渲染对话框

至此彩虹橡皮擦短视频制作完成。

实训任务

任务 1：短视频制作团队现接到客户的任务，要求制作一款儿童水壶短视频。

儿童水壶信息：

品牌	希乐	
材质	304 不锈钢	
容量	401mL（含）～ 500mL（含）	
保温时长	12 小时（含）～ 24 小时（不含）	
颜色	粉色、绿色、蓝色	
用途	保温杯	
适用场景	运动	
杯子样式	子弹头	
适用人群	通用	

该任务的脚本、拍摄素材、剪辑成品可以参考本学习情境的内容。

目标人群分析：

产品卖点分析：

前3秒策划：

短视频的大致框架：

撰写短视频分镜脚本：

镜号	画面内容	视频时长（s）	景别	拍摄方式	拍摄角度	字幕	备注

任务 2：短视频制作团队现接到客户的任务，要求制作夏橙短视频。

夏橙信息：

<table>
<tr><td>产品</td><td>夏橙</td><td rowspan="9"></td></tr>
<tr><td>储藏方法</td><td>冷藏</td></tr>
<tr><td>保质期</td><td>7 天</td></tr>
<tr><td>食品添加剂</td><td>无</td></tr>
<tr><td>产地</td><td>湖北</td></tr>
<tr><td>是否为有机食品</td><td>否</td></tr>
<tr><td>包装方式</td><td>散装售卖</td></tr>
<tr><td>净含量</td><td>3 斤、5 斤、10 斤</td></tr>
<tr><td>果径</td><td>60mm ～ 85mm，85mm 及以上（含）</td></tr>
</table>

该任务的脚本、拍摄素材、剪辑成品可以参考本学习情境的内容。

目标人群分析：

产品卖点分析：

前 3 秒策划：

短视频的大致框架：

撰写短视频分镜脚本：

镜号	画面内容	视频时长（s）	景别	拍摄方式	拍摄角度	字幕	备注

续表

任务 3：短视频制作团队现接到客户的任务，要求制作电压力锅短视频。

电压力锅信息：

品牌	萨美特	
功能	煲 蒸 煮 炖 焖 定时	
售后服务	三包	
适用人数	4 ~ 8 人	
压力锅口规格	21cm（含）~ 25cm（含）	
控制方式	微电脑式	
是否支持无水炖	否	

该任务的脚本、拍摄素材、剪辑成品可以参考本学习情境的内容。

目标人群分析：

产品卖点分析：

前 3 秒策划：

短视频的大致框架：

撰写短视频分镜脚本：

镜号	画面内容	视频时长（s）	景别	拍摄方式	拍摄角度	字幕	备注

续表

参考文献

[1] 王冠，王翎子，罗蓓蓓. 网络视频拍摄与制作. 北京：人民邮电出版社，2020.
[2] 郑昊，米鹿. 短视频策划、制作与运营. 北京：人民邮电出版社，2019.
[3] 王威. 短视频策划、拍摄、制作与运营. 北京：化学工业出版社，2020.
[4] 邓竹. 短视频策划、拍摄、制作与运营. 北京：北京大学出版社，2021.

图书在版编目（CIP）数据

短视频策划、制作与运营 / 庄标英主编. -- 北京：中国人民大学出版社，2022.5

新编21世纪职业教育精品教材. 电子商务类

ISBN 978-7-300-30559-2

Ⅰ. ①短… Ⅱ. ①庄… Ⅲ. ①视频编辑软件—职业教育—教材 ②网络营销—职业教育—教材 Ⅳ. ①TN94 ②F713.365.2

中国版本图书馆CIP数据核字（2022）第061886号

首批“十四五”广东省职业教育规划教材

新编21世纪职业教育精品教材·电子商务类

短视频策划、制作与运营

主　编　庄标英

副主编　何日林

参　编　曹丽婵　黄　瑜　卢晓玲　刘　波　刘彦博

Duanshipin Cehua Zhizuo yu Yunying

出版发行	中国人民大学出版社		
社　址	北京中关村大街31号	邮政编码	100080
电　话	010-62511242（总编室）		010-62511770（质管部）
	010-82501766（邮购部）		010-62514148（门市部）
	010-62515195（发行公司）		010-62515275（盗版举报）
网　址	http://www.crup.com.cn		
经　销	新华书店		
印　刷	北京瑞禾彩色印刷有限公司		
开　本	787 mm × 1092 mm　1/16	版　次	2022年5月第1版
印　张	12.75	印　次	2024年7月第4次印刷
字　数	248 000	定　价	48.00元